The Unique World

方寸

方寸之间　别有天地

# 植物教会我们的事

〔美〕
贝隆达·L. 蒙哥马利
Beronda L. Montgomery
著

王晨 译

# LESSONS FROM

# PLANTS

社会科学文献出版社
SOCIAL SCIENCES ACADEMIC PRESS (CHINA)

谨以此书纪念我挚爱的父亲

卓越的根结出优秀的果

# 序 言

我的童年时代不是在农场里或者森林附近度过的，虽然这 ix
些典型的养育方式可以解释我后来对植物学的迷恋。我在一栋种满植物的房子里长大，这些植物由我母亲精心照料，她有一双善于观察的眼睛和精于园艺的巧手。

无论在我们的屋里还是屋外，植物无处不在。母亲的花园是社区的瑰宝，那是一片绿洲，是大城市里对植物非常友好的一处居所。她能够种出如此令人惊艳的鲜花和健康的绿植，是因为她将心血倾注到了自己心爱的植物上。她观察植物表现出的种种迹象并做出回应——这株萎蔫的植物需要更多的水，那株叶片变黄的植物需要施肥，而朝最近的窗户弯曲的那株植物必须转动一下，才能让它找到新方向。母亲照料植物，这是她日常生活的一部分，也是在我的童年记忆里根深蒂固的一部分。她以一种特别的方式关注自己照料的植物，如果要形容这种方
式的话，只能说她在“倾听”它们。当她注意到它们需要的是 x

什么然后满足这种需要时，它们的回应方式是生长，而且生长得非常好。我不能说自己完全理解母亲和她的植物之间的交流，但我看到了这种交流产生的有益成果。

我自己确实有一些令人难忘的与植物的遭遇，这些经历可能与在阳光明媚的夏天到户外玩耍的其他孩子的经历类似。这些童年回忆围绕着危险和吃东西展开。在和兄弟姐妹一起远距离探险时，我会小心翼翼地注意毒藤（poison ivy）。懒洋洋的7月，我在难得的散步途中迫不及待地吃下饱满、甜美的野生黑莓。母亲精心照料的灌木忍冬是甜蜜的植物学发现，我会偷来它的花，搜刮里面的花蜜。在当时，我完全想不到在这些植物生活的环境中体验它们的愉快时光最终将会成就一段作为植物研究者的充实而重要的职业生涯。

相比植物学，我对科学和数学的天赋与热爱在很小的时候就表现得非常明显。虽然有些家人觉得我对定量分析和科学主题的痴迷很奇怪，但我经常进行那些“对我来说有趣”的活动，
xi 比如逻辑猜谜和家庭科学实验。尽管其中的一些实验出了岔子，而且也许惊动了当地消防部门，但我从未因此止步。我的兴趣在中学时期得到了正式培养，当时我有机会参加数学和科学的高级课程。虽然我的父母不明白为什么我对科学如此热衷，但他们的支持坚定不移——在工作一整天后开车送我去当地大学上数学课，还坚持带我去公共图书馆做研究和收集资料。就在我的思想和心智开始像实践中的科学家一样运作时，我在大学

上了一门植物生理学课程，这让我走上了自己的人生之路，我的目光完全转向了植物科学。正是在那门课上，我第一次领略了不可思议的植物生命科学。

当我作为一名生物学研究人员进入学术界时，已经准备好体验科学研究的许多标准规范。我预期自己会形成假设，然后通过探究问题和仔细观察来检验这些假设。我设想自己将实施和监督具有前瞻性的研究，指导未来的科学家，也许会在这个过程中为我们了解世界的运作方式做出一些有趣、新颖且有价值（希望如此）的贡献。然而没有预料到的是，在对生物有机 xii
体（尤其是植物）展开的有条不紊和系统性的观察中，我将获得那些变革性的成长和知识。

在那门植物生理学课程之后，我开始进行自己的第一个正式的植物生物学实验。我探索了这样一种现象：某些树木——包括一些栎树类物种——在春天萌发的新叶片会暂时呈现鲜红色。在经过最初几周的生长之后，由于叶绿素（负责驱动光合作用的色素）的积累，这种红色的花青素被翻转，叶片呈现出其特有的绿色。我对此进行了一些生态生理学（研究环境与植物生理学之间相互作用的学科）方面的实验，以了解叶片积累这种红色色素的用途。研究结果表明，这些色素在叶片成熟之前作为遮光剂起到了抵御紫外线的作用。此后数十年，植物对环境光信号的反应一直让我十分着迷。

对植物的迷恋促使我成为一名教授，有机会继续对这些迷

人的生物进行研究和教学。在课堂上和实验室里，我都深深地了解到指导和领导学生与助手对自己追求的职业成功是多么重
xiii 要。当时，我还没有在学术生涯中正式了解过这些，我开始寻找资源和机会，以提升我在科学界担任导师和领导者的技能，并想办法与科学界同样渴望提升这方面技能的其他人分享见解。我在这个过程中的主要目标是充分享受我的空间、把握我的生活和机会，与此同时尊重自己的目标和人性，并确保自己有能力支持和重视那些与我打交道的人们的人性。为了研究和构建支持有效指导与领导的结构，我开展了一些学术工作，这些学术工作源于我对学术和科学系统及其运作（和错误）的仔细观察。研究这些系统时，我清晰地发现，我们认为有助于自然生态系统运作的一些生物学原理为有效和公平地指导与领导实践提供了重要的经验教训。

虽然我们当中有很多人知道植物在支持我们生命这方面发挥的重要作用以及无数相关事实，例如它们能释放维持人类生命活动的氧气，并以蔬菜、坚果和水果的形式提供营养，但最
xiv 让我着迷的是植物本身做的事情，大多数与人类并无关系。植物存在于地球上很多看似不适宜生存的地方，并且可以茁壮成长：树木从海边悬崖上的石缝里长出，枝条在密歇根严酷的寒

冬过后再次萌发，我本以为自己的车道铺设了难以穿透的沥青，结果还是有植物将它穿透，钻了出来。它们拥有强大、复杂和充满活力的生命，让我们可以从中汲取宝贵的经验。正如你将看到的，它们在不同的环境中生存并茁壮成长，建立共生关系，合作、交流，并为社群做出贡献。

通过对植物的研究，我学到了很多有关如何在这个世界“存在”的知识。通过这本书，我为你提供一段类似的旅程：看一看植物的个体和集体策略与行为如何塑造适应性强且卓有成效的生活，以及我们如何从中学习。正是有了这种知识和投入，作为人类的我们才能更好地支持我们自己和我们身边的其他生物。

# 目　录

## 目　录

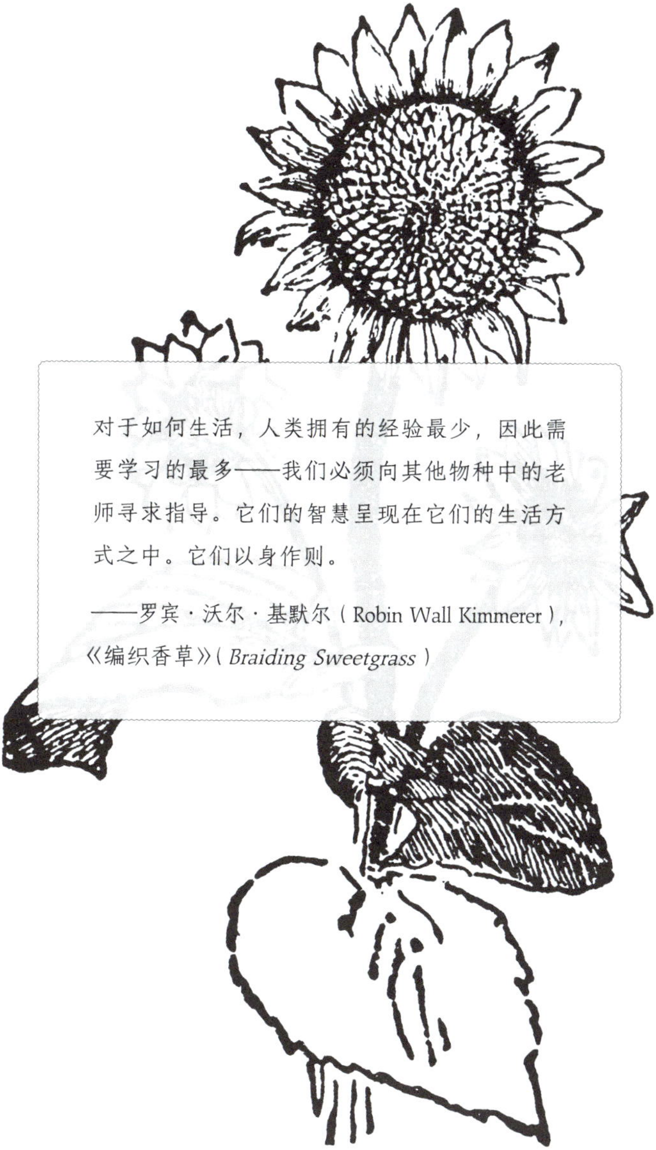

对于如何生活，人类拥有的经验最少，因此需要学习的最多——我们必须向其他物种中的老师寻求指导。它们的智慧呈现在它们的生活方式之中。它们以身作则。

——罗宾·沃尔·基默尔（Robin Wall Kimmerer），《编织香草》（*Braiding Sweetgrass*）

# 前言

# 自我意识

# A Sense of Self

想象这样一种生活，在这种生活中，生存者的全部存在都 1
必须根据不断变化的，有时甚至是恶劣的环境进行调整或修改。这就是植物的生活。作为人类，我们很难理解这种生存方式。尽管我们在面对短期逆境时通常可以留在原地，因为我们拥有应对轻微烦恼的生理机制，例如在太热时出汗或者在太冷时发抖，但是如果这些情况持续下去或者变得极端起来，我们可以选择拔腿就走，将身体转移到某个不同的，而且更好的地方。

植物没有那种选择。

因为植物在其整个生活史中基本上是不动的，所以如果它们要在多变的环境中生存和繁荣，就必须对周围发生的事情保
持敏锐的感觉，并且能够做出适当的反应。从生命刚刚诞生之 2

时起，感知环境就至关重要。种子落地和发芽的位置决定了生长出来的植株将在其中度过整个生命历程的环境。

发芽是种子植物生活史的开始。幼苗从种子中长出，然后植株生长并进入成年阶段。经过一段时间的营养生长后，植株进入繁殖阶段，此时它会开花。下一个阶段是从开花到种子发育。在释放成熟种子后，植株开始衰老，进入老年期，在此期间花瓣和叶片可能脱落。有些物种的个体会在繁殖后死亡，而有些物种的个体会经历周而复始的繁殖周期。[1]

虽然植物无处不在，但我们大多数人对它们预测、抵御和适应不断变化的环境条件的精湛能力知之甚少。不能充分认知植物和它们在我们所居住的生态系统中的作用，这种情况有时被称为“植物盲”（plant blindness）。[2] 这个词现在越来越有争议，因为它是基于残疾的比喻；也就是说，它反映了围绕失明的基于缺陷的思维方式。[3] 我们可以不用这个词，而
3 是将忽视植物的倾向称为“植物偏见”（plant bias）。事实上，实验研究和调查表明，相比植物，人类更喜欢动物，而且
4 更有可能注意和记住它们。[4] 我们还需要一个相应的术语来鼓励我们加深对周围植物的认识和理解：有人使用“植物理解”（flora appreciation）这个词，但我更喜欢“植物意识”（plant awareness）。[5] 减少对植物的偏见和提高植物意识不仅对植物很重要，对人类——对我们的身体、精神和智力健康，也很重要。

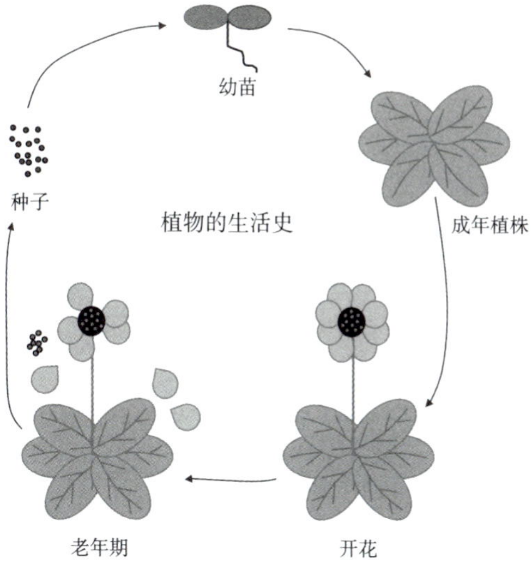


种子植物的生活始于种子发芽并转变为幼苗时。植株生长成熟，进入成年阶段，经历第二次转变，进入开花阶段。然后植株从开花状态进展到发育种子。在成熟种子被释放后，开始衰老的植株进入老年期，在此期间，花瓣和叶片可能脱落。

本书旨在提高读者的植物意识，减轻对植物的潜在偏见，并向读者介绍植物的智慧和它们可以教给我们的东西。

我们将探索的主题之一是植物如何感知和响应环境。如果你更仔细地观察身边的植物，会看到很多例子。你可能已经注意到，某株室内植物向有阳光照射进来的窗户伸展。这株植物正在表现出积极的适应行为——感知和寻找光线。因为植物通过光合作用过程用光生产食物（以糖的形式），所以它们会为了获得光而弯曲自己。[6]

另一个例子是秋天枫树的落叶。这是一种节省能量的季节性行为，枫树在冬天保留叶片的代价太大了。脱落叶片可以让
5 枫树维持更安静的新陈代谢状态。在叶落之前绽放的鲜艳、浓烈的色彩（绿色的叶绿素分解的结果）说明植物在响应环境线索时会采取怎样复杂的行为。[7]

枫树在秋天脱落叶片，在一个重要方面不同于室内植物向光弯曲。所有植物物种都表现出一定的遗传适应性，例如独特的叶片形状或者落叶和常绿生活史，这些遗传适应性随着时间的推移进化而来，并且在遗传上是固定的，代代相传。但是植物也会表现出环境适应性，它们在遗传上是不固定的，只出现在一个世代或者生活史中，通常不可遗传。这些由环境决定的变化由被表达或被积极使用的基因驱动。它们包括植物表型（可观察特征）基于变化的环境线索出现的变化，例如叶片大小、厚度、颜色或朝向，或者茎的长短和粗细。这种响应动态环境条件（例如光照或养分有效性）的形态和功能变化被称为表型可塑性。[8]

植物感知和响应的不只是环境条件，它们的意识还会延
6 伸到周围的植物和其他生物上。我们可以说它们是“好奇的邻

居”。植物可以通过感知环境知道自己“在哪里”，而且它们还知道自己周围都有“谁”。这些知识有助于它们决定是合作还是竞争。它们可能和邻近的植物争夺阳光，但只有在这样做有意义的情况下才会如此；如果邻居已经比自己高得多，竞争不太可能成功的话，它们就会避免竞争。在某些情况下，它们实际上可能会采取合作的策略获得阳光。植物还可以检测邻居们的行为反应，这让它们能够增强自身对环境线索和变化的感知。有时候，它们甚至会根据邻居是不是亲缘植物来改变自己的行为。

植物接收并响应外部和内部线索，而且似乎对生态系统的多样性有所认知，也就是说，它们可以感知自己周围个体的种类范围以及这些邻居对环境线索表现出的反应。它们监测外部变化并启动内部通信路径，以协调自身对动态环境条件的响应。[9]它们响应的线索可以是非生物线索，例如温度、光照、水分或养分有效性的相关信息。也可以是来自其他生命体的生物信号，7
让植物能够及时防御食草动物的啃食，以及细菌或真菌感染等。一些植物在受到昆虫攻击时还会产生抑制该昆虫消化功能的化合物，从而限制进一步的伤害。[10]

植物甚至可能拥有某种形式的记忆。在某些情况下，这是由表观遗传变化介导的。表观遗传变化改变了基因的表达或激活方式，但它们不会改变遗传密码本身。环境刺激可能导致某种分子“信号”来调节基因是否用于生产某种蛋白质。这种蛋白质调节的变化随后会改变植物的表型。这种表观遗传变化有时会传递给后代。关于环境影响植物跨代表观遗传控制的明确机制和具体作用仍在研究中。[11]

植物记忆的最著名的例子之一是春化作用：某些植物除非经历漫长的寒冷时期，否则不会开花。作为植物应该在春季开花的预兆，冬季的寒冷被植物“记住”。追踪阳光的植物也会表现出记忆，如向日葵和康沃尔锦葵（cornish mallow），它们会在黎明之前转向日出的方向。[12]

8 在使用内部和外部线索的同时，植物还通过适应性行为和能量预算来充分利用它们的生长环境。光合作用需要光、无机碳（以二氧化碳的形式）和水，植物还需要磷和氮等营养物质。因此，它们对这些资源的可用性极其敏感，并且会谨慎地管理自身的能量预算。为了制造食物，植物分配部分能量用于生长收集阳光所需的叶片。然后它们使用二氧化碳和水，将收集到的光能转化为化学能（糖类）。与此同时，它们限制能量的非生产性使用。例如，在有利的光照条件下，它们为叶片的生长提供能量，并限制茎伸长所需的能量。

当营养物质受限时，植物还会表现出经过微调的适应性反应。园丁会将黄色叶片视为缺乏营养和需要施肥的迹象。但是如果一株植物无人照料，无法获得外来的矿物质补充，它就会增加或延长自己的根并长出根毛，以便前往更远的土壤吸收养分。植物还可以使用自身记忆响应养分或资源可用性的时空变

化史。[13] 该领域的研究表明，植物会持续不断地意识到自身在 9
环境（或时空）中所处的位置。在过去曾经历过养分可用性变化的植物往往表现出冒险行为，例如将能量分配给根的延长而不是叶片的生产。相比之下，养分一直都比较充裕的植物往往规避风险并节省能量。在所有发育阶段，植物都会对环境的波动或不平衡状态做出反应，以便将自身能量用于生长、生存和繁殖，同时限制宝贵的能量以有害或非生产性的方式使用。[14]

总而言之，如果我们将学习理解为基于主动回忆的行为改变，并将记忆理解为与先前经验相关的细胞通信的话，这些类型的反应都表明植物能够学习和记忆。[15]

因为植物表现出某种意识和记忆，我们可以认为它们知道自己“是谁”和“是什么”。它们从这种关于自我的认识出发，走向存在（being）。正是在这种存在的过程中，植物分辨、响
应并影响环境中的模式。换句话说，植物为生存尽了自己最大 10
的努力，同时根据自身所处的特定环境充分评估成功的潜力。

所以，虽然在不知情的眼睛看来，植物确实只是“待在那儿”，但是从最早的发育阶段一直到衰老或死亡，它们都表现出了意识和智力行为。它们发展出了非凡的能力，可以感知周围发生的事情，并根据环境线索调节自己的生长发育，从而尽

可能提高生产力和生存机会。哲学家迈克尔·马尔德（Michael Marder）提出，鉴于这种不断的探索和监测，植物不应被视为静态的和被动的；被植物占据的地方“动态地出现在植物对环境的生动诠释和互动中”。[16]

无论植物是否被视为有意识的或有智慧的生物，在这两种概念背后，都存在对植物行为的大体认可。直到最近，植物做出“行为”（而不是被动地存在或生长）的想法才被生物学家更广泛地接受。植物的行为通常表现在它们的生长方式上——它们会以不同的速度或朝着特定的方向生长。因为植物生长缓慢，所以和我们称之为动物“行为”的那种运动相比，它们的活动发生在不一样的时间尺度上。

11 接受植物行为观念的另一个障碍来自一种长期以来的看法，即行为只能存在于拥有中枢神经系统的生物，而这是植物所缺少的。但是科学家们已经开始更广泛地理解行为，将其描述为这样一种能力：收集和整合关于外部和内部环境条件的信息，然后使用这些信息改变内部信号或通信路径（动物的神经网络和植物等生物体的信号转导通路），从而改变生长或者改变营养物质和其他资源的分配。在这种理解下，植物能够做出“行为”的观念就更容易被接受了。

一旦我们承认植物会表现出行为，这是否意味着它们也能够“选择”或“决策”，并且“拥有意图”？大多数植物学家都认为，区分多种信号并根据其中一种信号选择性地改变行为的能力就是决策的证据。迈克尔·马尔德认为植物也有意图，尽管它们与动物的意图不同："当动物有某种意图时，它们会通过运动自己的肌肉来表达自己的指向性；当植物有某种意图时，它们的意图表现为模块化生长和表型可塑性。植物和动物的行 12
为是它们各自有意识的行为所设定的目标的实现。"[17]

下一个问题，这些能力是否表明植物拥有智慧或意识，这个论题同时吸引了狂热的支持者和更多的反对者。而另一些人仍然保持不可知论的态度，指出植物不需要拥有意识或智慧才能被认为值得研究和敬畏。[18]无论植物是否拥有意识（awareness）——感知自身周围发生的事情并做出相应反应的能力，以及自觉性（consciousness）——主动感知和思考特定反应的相关决策并为其赋予意义的能力，植物的复杂性及其感知、整合和响应环境刺激的能力已经越来越被人们所认可。此外，尽管将植物视作智能生物仍然会引起争议，有时可能会引起抵制，但越来越多的共识认为植物和蚂蚁、蜜蜂等其他缺乏发达大脑的生物一样可以表现出智能行为，让它们能够对动态环境做出反应，无论是作为个体还是在群体之中。

植物做出适应性选择——增加其成功和持续存在的概率的 13
行为——的证据值得深入反思，并且可以为人类提供宝贵的经验。像所有生物有机体一样，植物通常会做出明显有益的选择，但它们也可能做出我们认为糟糕的行为，这些坏行为要么不利于植物自身的适应性，要么对其他生物有害。生物学家认为，除了某些例外，植物做出的选择通常有利于其自身的生存和繁殖，因为在进化过程中，做出更好选择的植物将比做出更糟糕选择的植物拥有更多的后代。但是有时候，对一个物种有益的东西会对另一个物种有害。例如，一些植物可以通过释放化合物或者霸占整个生态系统的方式伤害邻居。还有一种策略常常发生在那些入侵性植物上，例如对美国东南部生态系统造成大麻烦的葛藤，它已经将本土植物取而代之，还影响了当地昆虫和其他动物。[19]

尽管植物有时会造成伤害，但在大多数情况下，它们的行为有益于自身及其所栖居社区的繁荣。在本书接下来的部分，我们将探索许多这样的行为。通过观察植物如何在其环境中生
14 活，我们可以学到很多东西。值得注意的是，植物知识——从这些生物身上汲取的关于存在的经验教训——向我们表明，知道自己是谁、身在何处以及自己应该做什么，这种能力决定了你的兴衰成败。然后，你必须找到一种方法，将这种“自我意识”延伸到周围环境中并追求自己的目标，如果你处于困境中，妥协，或者在变化中偏离了自己的内在、编码或适应性目标，那么这项任务可能会很有挑战性。逆境中的植物可以用一些方法提高自己从压力中恢复并重新生长的机会。如果植物有一位

能够识别困境的照料者，那么这位照料者可以提供必要的帮助。

植物进行的所有活动——运作复杂的光捕捉系统、寻找营养物质、向社区中的其他成员发出危险警告——都是植物感知和适应环境的方式。这就是它们生存和繁荣的方式。这一直就在我们面前发生着。

作为人类，我们首先必须足够关注。我们的目光必须超越一眼就能看到的东西，我们必须充分了解植物如何支持自身以
及与它们一起生活的其他生物，以及它们如何改变环境。然后， 15
在仔细观察之后，我们必须提出正确的问题，才能向它们学习如何带着使命感、能动性和意念生活。也许我们可以效仿其中的一些行为。它们的经验教训值得我们学习。

毫无疑问，植物具有各种敏感性。它们对环境做出很多反应。它们可以做几乎任何你能想到的事情。

——芭芭拉·麦克林托克（Barbara McClintock），引自伊芙琳·福克斯·凯勒（Evelyn Fox Keller），《情有独钟》（*A Feeling for the Organism*）

# 1

# 不断变化的环境

# A Changing Environment

我清楚地记得上幼儿园时做过的首批科学实验之一。通过 17
简单地观察一株豆苗的生长，我了解到植物拥有适应环境的非凡能力——几十年后的现在，我仍对这种能力保持敬畏。这个实验由我的幼儿园老师安排，她指导我们每个人在自家窗台上种一株豆苗。我们将湿棉球或一些湿土放进一个塑料杯底部，再放进几粒豆子，然后每天观察它们。有一天，我查看豆子时，眼前是一项激动人心的发现。我注意到其中一粒豆子出现了裂缝，从中钻出一条细小的根。然后，在接下来的几天里，豆子的另一端开始冒出一根茎并展开细小的叶片。这株豆苗朝着窗边的阳光伸展，继续生长。

几周后，老师让我们把幼苗拿到幼儿园进行展示和讲述。 18

我惊讶地看到，这些植物并不都是一个样：有的矮而粗壮，有的高且细长。老师解释说，这些差异取决于透过我们每个人的窗户照射进来的光有多少。如果窗台在背阴位置的话，植物就会为了获得阳光而长得很高。这是我第一次接触到植物的一个基本特征——它们不仅能很好地适应光照水平，还能适应各种环境条件。

植物知道光照和水分的可用性以及水分含量，还有土壤中的养分丰度。在扫描环境并评估自己需要做出什么反应时，它们会感知这些因素的变化。根据搜集到的信息，它们能够改变自己的行为、形态和生理机能，以应对周围环境的变化。

我们大多数人都知道，豆苗与其他绿色植物一样，通过光合作用来制造养料。但是我们当中很少有人知道它们在响应不断变化的光照条件时发生的那些令人着迷的细节。从植物生活史的一开始，光就影响着它们，有些种子还在地下时，就会受到光的刺激而萌发。[1] 而植物的根随着重力向下生长，嫩芽则朝
19 着光向上生长。最先出现的叶片是胚叶，即子叶，它们积累叶绿素分子，这些叶绿素分子负责“捕捉”光能。豆苗的叶片在人眼看来是绿色的，因为叶绿素吸收红光和蓝光，令可见光谱中的绿色穿过或被反射。我们眼睛中的光感受器感受到的是负

责采集光的光合色素不吸收的某些波长的光。

随着幼苗继续生长和成熟，它的叶片向太阳伸展以收集光子——带有电磁能的量子。叶片中的叶绿素分子将光能转化为化学能。然后该化学能被用来将二氧化碳转化为碳水化合物。植物正是通过这种光合作用过程制造了自己的养料，即收获阳光以驱动无机碳（以二氧化碳的形式）转化为固定碳（以糖类的形式）。

豆苗的新叶片不只是被动地接收光，它们还会根据自己接受光照的多少做出调整。但是它们如何测量光照呢？科学家发现，植物能够检测单位时间内单位叶表面积吸收的光子数。光 20
子撞击叶片表面的速率会影响植物体内的很多进程，因为它控制着光合反应的速率；光子更多意味着激发的电子更多，而后者意味着更快的光合反应。

在光子密度的计算中发挥核心作用的叶绿体分子包含在名为“天线”（antennae）的复杂捕光系统中，该系统负责捕获光能并将其运输到“反应中心”（reaction centers），那里是化学反应发生的地方。植物收集、转换和利用能量的效率可以与任何太阳能电池相媲美。但是你花园里的豆类植物可以做一些太阳能电池目前无法做到的事情——它们可以改变自身的聚光结构以动态响应外部因素的变化，例如光照的昏暗或明亮，或者不同颜色的主导光的变化。[2]

我的实验室以及其他人对植物和蓝藻（进行光合作用的细

菌）开展的实验表明，它们拥有调整聚光系统以适应不同光照条件的非凡能力。如果光线太暗，光合作用水平可能会过低，无法满足生物体的能量需求。但是光照过量也是有害的，当可用光超过植物的吸收能力时，多余的能量会产生有毒的副产品。植物想要做的，是最大限度地吸收光的同时减轻过量的损害。它们根据外部光照条件“调节”自己的光捕获系统来实现这一点。

21 植物和光合细菌以多种方式调整它们的捕光天线。它们能够使用天线中的特定光捕获蛋白匹配可用光的波长。它们还可以调节捕光复合体的大小，这些复合体在低光照条件下变大以增加光的吸收，在高光照条件下变小以减轻潜在的损害。获得恰好足够又不过多的能量，这是一种复杂的平衡手段。通过对聚光系统进行这些复杂的调节，植物可以最大限度地提高自身的能量产出以支持必不可少的生命活动。

当新萌发的幼苗在细胞内做出这些调整的同时，它还会调整自己的茎和叶，以尽可能多地吸收光。我和幼儿园的同学们带到课堂上的豆苗高度各异，这是幼苗的组织和器官根据可用光的多少进行协调和沟通的结果。茎的位置非常重要，因为它决定了叶片的位置，而制造化学能和糖类所需的光正是由叶片吸收的。当叶片感觉到自己处于接收足够光照的有利位置时，
22 它们会向茎发出化学“停止”信号，抑制其进一步伸长。这个过程被称为“去黄化”（de-etiolation），它导致植物茎短而

叶片发育良好。然而，如果叶片因为光照条件不佳而无法吸收足够的能量，它们就会向茎发送令其伸长的“前进”信号，目的是让叶片进入光照条件更好的位置。这个过程被称为“黄化”（etiolation），它导致幼苗茎长而叶少。[3]

茎叶之间的这种协调反应是植物器官响应不断变化的环境线索并进行通信的一个有力的例子。植物学家越来越意识到，探测这些线索的传感器（包括光敏受体）会调节茎叶间的这种相互作用。[4] 例如，我的团队开展的调查研究深入揭示了茎叶之间通信使用的特定遗传信号在去黄化调节中的作用，以及来自芽和根系的信号在根发育的光依赖调节中的作用。[5] 科学家用“发育整合”（developmental integration）来表示生物体的综合功能取决于各个部分的活动、发育和功能。[6] 对于我们的豆苗来说，这种整合反应至关重要。它不能将自己连根拔起，移动 23
到更好的地方以躲避干旱或寻找阳光；相反，它会响应“前进”或“停止”信号，从而触发生理和结构变化以改善自身处境。如果植物要在动态环境中生存，这种发育可塑性至关重要。

在最极端的情况下，豆苗甚至可以在完全没有光照的情况下存活一段时间。科学家对在黑暗环境中生长的植物进行观察，发现与在光照环境中生长的植物相比，前者在外观、形态和功能上都大不相同。即使不同光照条件下的植物在遗传上完全相同，而且生长在同样的温度、水分和营养条件下，情况也是如此。对于在黑暗中无法充分发挥功能的器官（如子叶和根），生长在黑暗环境中的幼苗会限制流向这些器官的能量，并让幼苗的茎伸长，推动植物脱离黑暗。[7] 在充足的光照下，幼苗会减少分配用来伸长茎的能量，将更多的能量用于扩张叶片和发展广泛的根系上。这是体现表型可塑性的一个很好的例子。幼苗通过改变自身形态以及背后的代谢和生化过程来适应不同的环境条件。[8]

植物可以在响应多种环境条件时（而不仅仅是光的可用性）
24 表现出表型可塑性。它们可以应对干旱、温度变化或空间和养分缺乏等压力。[9] 例如，为了在不同条件下保持种子的恒定产量，豆类植物可以改变影响植物产量的数个因素中的任何一个：豆荚的数量、每个豆荚中的种子数量，或者单个种子的大小。[10]

导致不可逆适应性变化的表型可塑性也被称为发育可塑性（developmental plasticity）。这些发生在植物发育过程中或者影响植物发育重要过程的变化通常明显可见。我们会观察到根或茎的伸长、叶片停止生长、开花时间与平常不同，或者种子变小。

相比之下，生理（physiological）或生化（biochemical）可塑性是指发生在细胞内部的可逆适应性变化。[11] 因为它不会产生易于观察的变化，例如茎向太阳弯曲或叶片变色，所以这种类型的可塑性很容易被忽视。但它同样重要，它让植物能够调整其捕光复合体以适应不同光照水平或者改变不同光合作用酶的比例以适应二氧化碳水平，确保光能得到有效利用。[12]

豆类植物的能量预算让它必须根据环境调整其形态和代谢
过程。豆苗拥有一定数量的必须用于维持日常活动的能量，但 25
这些能量可以按照不同的方式分配。应该将更多精力用在生长新叶片或者伸长茎上，还是用来延长根，或者形成花蕾？这些问题和我们每月财务预算中的问题非常相似。付了房租之后，我会看到自己还剩多少买食物的钱。午餐吃拉面，还是和朋友一起吃寿司？如果我需要购买新的大件商品比如汽车，那我就只能吃拉面了，而且要一连吃几个月。归根结底，如果我没有足够的钱买生活必需品，就需要工作更长时间——就像植物需要做出调整以吸收更多光能一样。根据不断变化的环境调整自身能量预算的能力对于植物的生存至关重要。

所有生物都有能量预算，但它们管理能量预算的方式不尽相同。[13] 动物通过改变自身行为和调整自身运动来适应环境的变化。例如，在温带气候区，熊和其他动物会在冬季食物匮乏时以冬眠的方式节省能量。[14] 植物则以不同的方式适应环境的变化。正如我们在豆苗中看到的那样，它们可以改变自身形态，或者做出生化改变。一些植物生物学家认为这两种模式都可以
被称作行为。[15] 植物和动物之间的另一个区别是，植物会在不 26
同发育阶段根据环境改变自身的行为和形态。[16] 幼苗会在响应可用光照时伸长茎或长出更多叶片，而成年植株可能会发现自己需要重新安排叶片的位置。叶片位置的改变可以通过改变细胞内的水压（膨压）来实现，也可以通过令叶柄的不同部分以

不同速度生长来实现。例如，在炎热的夏日，一株植物可以抬起它的叶片，远离危险的高温土壤表面。[17]

对于一棵高大的栎树而言，它需要考虑其他的因素。在高高的树冠里，有些叶片可能因为被其他叶片遮挡而无法接收足够的光照，或者它们可能会接收波长不同的光。[18]通过弯曲或延长叶柄，这些叶片可以移动到光照更充足或者光照质量更高的开阔空间。[19]

说到环境条件时，我们通常会想到光照、水分、养分等。但是你花园里的豆类植物和丁香灌木还面临着另一种环境因素：以它们为食的兔子和鹿。园丁和园艺家非常了解生物学家所说的动物诱导可塑性，当动物咬掉树枝或茎后，植物又长出新的侧枝时，发生的就是这种情况。有时我们通过修剪植物来激发
27 这种反应。我们更喜欢长出新侧枝时外观紧凑的灌木，而不是在野外自然生长出细长稀疏分枝的灌木。[20]但灌木进化出这种反应可能是有原因的：更密集的形态会让动物更难触及花和果实。

除了发育和生化可塑性之外，植物还通过表观遗传学的方式对环境做出反应。回忆一下前言，表观遗传变化是影响 DNA 调控方式的变化，而且其中一些可能是可遗传的。受表观遗传调控的一个过程是春化，它指的是植物必须长时间暴露在寒冷

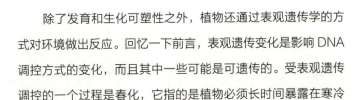

环境中然后才会开花的现象，也就是说植物只在寒冷冬天过后的春季开花。科学家发现，对于拥有这种特性的植物，低温会改变它们体内的基因表达，而且这种改变会通过无数的细胞分裂维持数月之久，让这种植物得以有效地“记住”它已经度过了冬天，可以安全开花。然而，这种记忆不会持续到下一代。[21]
一些证据表明，某些植物会因气候变化发生表观遗传变化并将 28
其传递给下一代，如加州白栎（*Quercus lobata*）。[22]

到目前为止，我们一直在讨论叶片、茎和树枝——它们都是地面以上的植物结构。但植物也会对地下环境条件做出反应，因为那里存在对有限资源的竞争。[23]

土壤条件绝非均匀一致。pH 值因地而异，腐烂的叶片或动物尸体可能会形成一个营养丰富的地块。[24]这种斑块状的营养分布也可能是其他植物或土壤微生物对资源的吸收和消耗造成的。[25]看不见的植物根系能够检测到土壤中的水分、矿物质和养分分布的不均衡。

在土壤条件较差的情况下，植物可以将更多能量预算用于根系发育。根分叉并发育出根毛，即长而细的根，根毛向下伸展，寻找营养丰富、水分充裕的土壤。[26]在养分充足的地块中，植物能够增加根的生物量（biomass）。为了吸收养分，根会向某一侧生长并提高密度。根还会响应时间和空间的变化。如果短期内可以获得更多养分，植物可以增加自身的根生物量。[27]

29 根系结构和生长的这些变化通常是由激素引发和促进的。这个过程使用的主要激素是生长素，与导致植物向光弯曲的激素是同一种。[28] 根的改变也会产生广泛的影响，包括影响植物的地上部分。当养分有限时，植物会将能量从枝条转移到根部，还会转移到参与养分吸收的运输蛋白中。[29] 但是，当养分充足而且根部吸收足量的必需硝酸盐（用于生产蛋白质和其他关键细胞化合物）时，激素平衡会发生改变，能促进枝条长出更多分枝。[30]

下一次当你在自己的花园里或者在树林里散步时，想一想在地下发生的一切。豆类植物和栎树控制根系萌动、生长和密度的能力对于植物的生长和繁殖至关重要。[31]

正如我们所见，植物具有感知环境条件并做出反应的非凡能力。人类可以从它们身上学到一些有用的经验，使人类个体
30 和社群更加繁荣兴盛。正如豆苗能准确地检测有多少光线照射到自己身上以及自己的根正在吸收什么养分一样，我们需要敏锐地感知自身周围的环境，有意识地思考我们感知到了什么以及如何做出最好的反应。我们的食物够吃吗，住所够用吗？来

自家人、朋友和工作场所的情感、经济和后勤支持如何？这些是我们在短期和长期都必须回答的问题。虽然我们可能制订了支持自身基本需求的长期计划，但我们的计划可能突然改变或中断，这需要我们立即做出反应。

我在这方面学到的最重要的一课是有意识的自我反思，非常重要。所谓自我反思，就是花时间了解我所处的环境条件。对于我和其他一些人来说，经常处于忙碌状态而无暇自我反思的情况并不少见，这让我们几乎没有时间评价自身行为是否仍然有意义地符合当前所处的环境。我逐渐明白，优先安排反思时间是实施“流程和处理”所需要的，这样做是为了感知环境条件、与自身所处环境及可用资源和支持保持一致，然后做出相应行动。[32] 这种功能类似植物的环境适应能力。

根据特定时间的状况，豆类植物可能会决定长得更高，或 31
者扩展根系，将更多能量预算用于某种特定结构。同样，我们也需要制订战略计划，决定将多少能量分配给哪些活动，并根据当前条件决定我们应在自身所处社区中的什么地方寻找更多资源。我们可能会意识到，为了养活自己和满足自己的基本需求，我们需要额外的资源，在这种情况下，我们可能需要提出加薪、搬家，或者用上课取代外出就餐。

阳光和养分不是静态的，我们生活的环境也不会一成不变。当情况发生变化时，重要的是能够觉察并做出相应的反应。不起眼的豆苗提供了如何调整和重新适应外部环境的优秀范例。

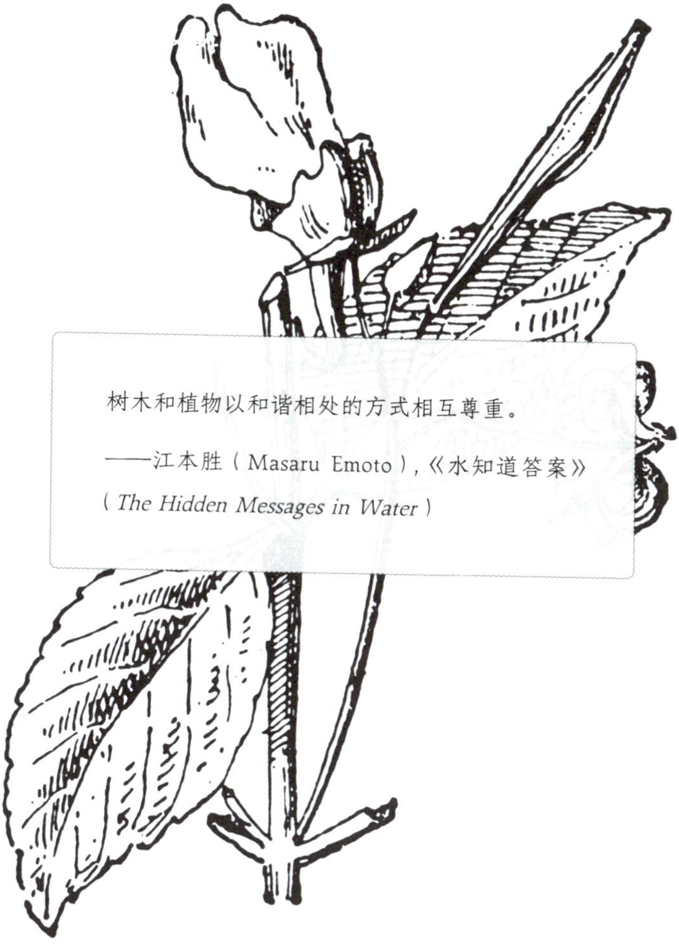

树木和植物以和谐相处的方式相互尊重。

——江本胜（Masaru Emoto），《水知道答案》（*The Hidden Messages in Water*）

# 2

# 是敌是友

# Friend or Foe

园丁播下种子，想象院子里开满五颜六色的花朵或者坐拥 33
丰饶的收获。我们欢迎幼苗在春天出现，但我们并不是随机地
将一批种子扔进土里。有经验的园丁会仔细思考种植哪些花卉
和蔬菜以及如何搭配它们。最精明的园丁会选择能够和谐共处
的“友好”物种，以确保提供健康、协作的环境，而且我们经
常通过室内育苗的方法为幼苗生长提供良好的开端。我们仔细
调整光照、湿度和浇水时间表，培育我们的幼年百日草、豆类
植物和番茄。在霜冻的危险过去之后，我们将幼苗移栽到室外，
然后还有更多的工作要做。在接下来的几周里，为了维持花园
的健康，我们开始剔除弱苗。在谨慎评估幼苗的空间分布之后， 34
我们牺牲掉其中的一些，以便剩余幼苗有足够的生长空间，不

会相互竞争阳光和养分。我们还会除草，清除不受欢迎的物种，如蒲公英和豚草（ragweed）。

在自然环境中，剔除弱苗的工作不需要借助园丁的双手——有些幼苗发育失败，有些被食草动物吃掉，有些则长到了成年。你可能会看到一簇密密麻麻的栎树幼苗，并想象出一场残酷的生存斗争。但发生在它们身上的事情比这多得多。幼苗之间的竞争是由它们对消耗能量多少的判断来调节的——而且合作和竞争同时进行，其方式可能会让你感到惊讶。百日草、豆类植物、番茄和栎树不断评估邻近的植物、昆虫、真菌和细菌是朋友还是敌人，并选择如何以最好的方式集中精力获取自己所需的资源。

正如我们所见，植物在能量投资方面具有预算意识，因此，它们会避免不必要的竞争。它们在吸收光或营养方面与邻居展
35 开竞争，但是满足自己的需求即可。他们使用多种不同的机制来衡量何时开始竞争，何时从竞争中脱离——踩下刹车，以免不必要地使用宝贵的能量资源。[1] 如果在获得足够的资源后继续争夺资源，它们将消耗未来可能需要的能量。在这种情况下，植物会选择合作而非竞争；这让它们能够通过分摊获取资源的成本来节约能量。

对于一株植物如栎树树苗来说，在如何互动这个问题上做出决策需要它意识到周围存在哪些生物——无论是植物、动物还是微生物，是否能够与这些邻居进行交流以评估共同或互补需求，以及是否存在任何现有机制让它们能够在分摊成本的同时协同工作以获取资源。

年幼的栎树如何确定邻居是朋友还是敌人，又如何选择适当的应对方式？植物学家认为，许多物种使用所谓的“检测—判断—决策”范式，这是一种由动物行为学家开发的模型。蜜蜂访花这样简单的事在我们看来似乎是一种随机行为，但它实际上始于蜜蜂对一朵花的特定检测。在这之后，是蜜蜂关于花朵种类的判断，最后它做出了积极投入的决策。事实上，科学 36
家们发现蜜蜂表现出的认知能力让它们能够区分视觉线索，甚至是非常相似的视觉线索。采用诸如甜美花蜜之类的奖励——以没有奖励或诸如苦味物质之类的惩罚作为对照，蜜蜂在挑选花朵时可以利用视觉线索进行辨别并做出决策。[2]

在植物中，这个过程也按照同样的方式进行。植物使用其受体探测信息，这可能导致电信号、瞬时钙或激素积累等线索的产生；它们通常通过自己检测到的激素来处理和评估这些信息，从而做出判断；然后植物再做出决策，例如是否通过改变基因表达来改变自身表型。[3]例如，思考一下科学家对拟南芥（*Arabidopsis thaliana*）开展的研究，这是一种叶片像蒲公英一样莲座状基生的小型植物。当很多拟南芥近距离生长在一起

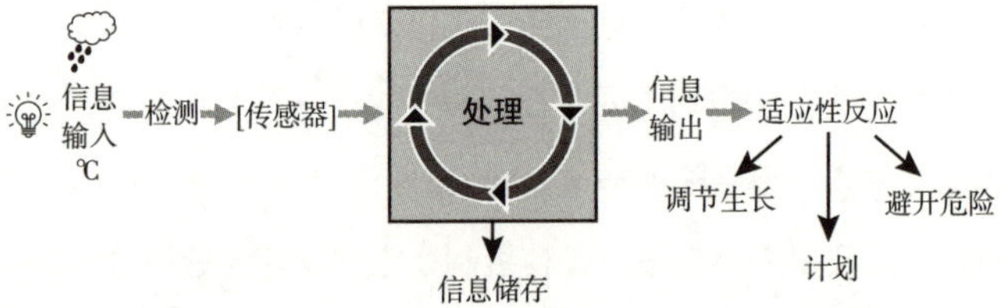


植物采用的决策过程以它们使用传感器（例如光照、温度和湿度传感器）检测环境线索的能力为基础，该过程被植物用来处理它们获得和储存其中的一些信息（例如以表观遗传变化的形式），以及启动适应性反应，包括计划、调节生长和避开危险。

时，它们的叶片可能会被邻居的叶片遮住。研究人员发现，当不同植株的叶尖接触时，它们能够检测到邻居和自己的距离，甚至在植物注意到和叶片拥挤有关的光谱变化之前，这种信号就已经被感知到了。[4] 使用关于邻居的这些信息，植物可以就如何获得更多光照做出决策。

37 很多植物还通过释放到空气中的挥发性有机化合物（VOCs）来探测彼此的存在。这些化合物是植物的次生代谢物，不直接用于生长、发育或繁殖，不过它们可以诱导控制这些过程的激素或者和这些激素相互作用。它们常常被视为一种语言形式。[5] 生物学家过去认为，只有动物才拥有识别自我和亲属的能力——也就是能够判断身体组织或者另一个个体是否在基因上与自己相同或者密切相关。但实验表明，植物也可以识
38 别自我和非自我，以及亲属和非亲属。[6] 这种识别通常由植物

产生的挥发性有机化合物介导，而挥发性有机化合物是植物常规性的或者响应特定环境信号（例如咀嚼叶片的甲虫）的产物。这些化合物是一株植物与其他植物个体（包括相同和不同的物种），甚至是植物与其他类群个体（例如昆虫和细菌）交流的手段。[7]

在决定是竞争还是合作时，植物会仔细权衡将资源投入特定功能而非其他功能的机会成本。[8]就像我们在为自己确定最佳选择时所做的那样——我是应该现在找工作，还是应该继续接受教育？——当行动的预期收益超过成本时，植物就会决定采取行动。正如你将看到的那样，这种动态响应环境的能力既有短期好处，也有长远收益。

年幼的栎树和所有植物一样，需要光、养分和水分才能生长、发育和繁殖。但是，这些资源可能供应不足，尤其是在植物密度较大的情况下。当资源有限时，那些能够更好地获取资源或者能够更有效地使用资源的植物将生存得更好并拥有数量
更多的后代。植物进化出这些反应的原因可能是资源可用性在 39
环境中的空间分布差异，或者是生态位中其他生物对资源的使用，例如微生物等土栖生物对养分的利用。[9]有些栎树同时拥有这些能力以及避免捕食者伤害的机制，它们将存活下来并将更

多基因传递给下一代，从而将这种生存策略传递下去。

在正面交锋的情况下，植物通常会选择以下几种反应之一：对抗竞争、合作、忍耐，或者完全避开。作为对环境线索的响应，它们以最具预算意识的方式做出反应。[10]

对抗竞争的一个典型例子是对光的争夺。由于植物对阳光的需求，它们对邻居的存在极为敏感，后者可能会遮挡全日照中丰富的红色波长，而红光驱动下的光合作用效率最高。遮光的邻居限制了光合作用的潜力和化学能的产生。

植物通过采取一种名为避荫行为的竞争形式来应对这种情况。[11] 当栎树树苗的叶片被邻居遮蔽时，促生长激素的产生或
40 积累就会被激活。[12] 这些激素导致茎伸长（这可以看作发育可塑性的一种形式），于是被遮蔽的树苗可以通过比邻居长得更高而“获胜”。树苗会和附近的邻居“赛跑”，看谁最先抵达有阳光直射的林冠层开口或者其他区域，它用这种方式争夺阳光。其他策略包括将叶片向上倾斜、减少分枝，同时向主干输送更多资源以促进根的生长。[13] 这场赛跑的获胜者能够补充和增加自身能量储备，而这些能量可以用于增加生物质、抵御危险，或者用于繁殖。[14]

在第 1 章，我提到了停止和前进信号，根据豆苗接收到的光照量，这些信号告诉它何时应该停止或者伸长。当栎树树苗解读环境信号以确定竞争对手的威胁并启动响应时，也会发生类似的过程。[15] 一组名为光感受器的蛋白质能够检测不同波长

的光。[16]它们不仅告诉树苗它正在接收多少光，还可以告诉它光照的质量。当光感受器检测到较大比例的光谱远红区域时，它们就会发出前进信号，促使植物改变位置以获得更直接的光照。远红光正好处于人眼可见波长范围的边界，是出现在荫蔽之处的典型劣质光。但是如果光感受器检测到较大比例的红光 41
（全日照的典型特点），它们就会向植物发送停止伸长茎的信号，因为植物已经处于良好的栖居环境中了。栎树通信系统中的这种制约与平衡让树苗能够通过改变表型来迅速做出反应，同时为增加生长量、存活和繁殖概率的其他活动保留资源。

植物争夺光的另一种方式是横向生长而非纵向生长。在这个策略中，植物不是向上生长，而是向侧面生长，进入更开阔的间隙。[17]侧叶的生长过程比人们一开始想象的要复杂得多。研究人员有一项非凡的发现，即有些植物会根据邻居是不是亲属来调整自身的竞争或合作行为。此类行为在动物中众所周知，并且被认为是由亲属之间共享的基因进化出来的。例如，一只冠蓝鸦有平均一半的基因与它的同胞兄弟姐妹共享，其中的一些基因与增加生存概率有关——所以如果这种鸟保护自己的兄弟姐妹免遭捕食者的伤害，它也是在确保自己的有利于生存的基因存续下来。[18]

现在，研究人员在植物中发现了类似的情况。他们发现，植物会利用侧叶的生长进行合作而非竞争。对北美水金凤（*Impatiens pallida*）的研究表明，个体能够通过根系识别亲

42 属。与种在陌生者旁边的植株相比，种在兄弟姐妹旁边的植株以不同的方式生长。它们不会为了光照竞争，而是选择合作。挨着亲属生长的植物分枝更多，更茂盛——因此它们减少了叶片重叠和对亲属邻居的遮蔽。[19] 关于拟南芥的实验也表明，当邻居是亲属时，植物之间的竞争性反应减少了。在这个案例中，植物通过地上信号而非地下信号来识别自己的亲属，这些信号由检测光的光感受器介导。[20]

人们在包括树木在内的一系列其他物种中观察到过这种行为。下次你在森林里时，抬头看向正上方的天空，或者在乘坐飞机时向下俯视树林。你可能会注意到相邻树冠之间的间隙。这种现象称为“树冠羞避”（crown shyness）或“树冠间隔”（crown spacing），主要成因最初被认为是植物之间靠得太近造成的磨损。[21] 然而，最近的研究表明，这可能是光感受器介导的避荫行为的结果，或者在有些情况下，是合作行为的结果。和属于不同物种的非亲缘树木相比，树冠间隔在亲缘的树木之间更常见。[22] 因此，与互相之间无亲缘关系的植物相比，植物
43 似乎不那么经常与亲属或与其关系密切的植物争夺光照。林冠层中的间隔是限制竞争的一种合作性发育反应，而且这个例子说明了对竞争的可塑性反应如何影响生态系统和群落水平动态，并最终决定哪些物种能够存续。[23]

在光照受限条件下，除了竞争与合作之外，有时候植物的反应是忍耐。在这种情况下，植物不会像在避荫时那样通过激

素介导的生长和资源的重新配置来争夺光线。[24] 相反，耐阴植物会启动适应过程，这让它们能够在光照不足的条件下制造足够的养料。它们会有更薄、更大的叶片，叶片中的叶绿素浓度更高，能够捕获更多在昏暗条件下供应不足的红光。[25] 作为取舍，耐阴植物用来制造在全日照条件下起防晒作用的色素的能量就只能减少了。因此，避荫植物和耐阴植物展示出的适应性都让它们能够优化光捕获能力和提高适应度；避荫植物针对阳光充足的条件进行优化，而耐阴植物则针对荫蔽条件进行优化。

随着栎树树苗或北美水金凤幼苗的生长，它们会感知到邻 44
居的情况，并通过各种方式（既通过地上的也通过地下的）评估邻居和自己的接近程度、大小差异和亲缘远近。然后，根据自己在周围环境中的发现，做出是竞争、合作、躲避还是忍耐的决策，这体现在它们合成并分配的分子上。[26] 确定何时竞争、何时不竞争的能力对于植物的能量决策至关重要，这种能力让它能够以最有效的方式使用资源。[27]

眼光敏锐的人能够看出植物通过安排自身叶片的位置和伸展枝干以获取光照，但是地下也有活跃的战场。就像叶片一样，植物的根也在争夺物理空间和资源。

你可能觉得根不甚有趣，但是它们的大小、长度和排列方式与花、叶、茎一样，也有着奇妙的多样性。有些植物的根系较浅且高度网络化，有许多分叉和交叉连接，而有些植物的根长而深，有一支探测地下深处的主根。某些特征在同一个物种内是固定不变的，而有些特征可以响应环境条件。

就像叶片在地面上争夺光照一样，根也争夺可用的养分。[28]
45 养分在土壤中的分布一般并不均匀，因此，如果植物的根系可以朝着有养分的土壤生长或者能够高效地获取或利用资源，植物就会赢得竞争优势。土壤中的一些养分以不易被根吸收的形式存在，因此在竞争中成功的植物是那些能够获得这些养分的植物。一种方法是将这些养分转化为可溶解或可运输的形式。有些根会分泌特殊的化合物，这些化合物能提高养分的溶解度或者与它们结合，让它们能够被吸收（有关该主题的更多信息，见第3章）。[29]

植物的另一种方法是招募“友好”微生物为自己转化养分。但是植物如何要求另一种生物承担这项任务呢？一种方式是将某种液体分泌到根周围的土壤中以改变土壤 pH 值或微量营养素的构成，从而吸引能够与植物合作并将养分转化为生物可利用形式的微生物。[30]

面对有限的资源（包括养分、水分和可用空间），植物的
46 根系可能会进行竞争。根可以在土壤中检测到其他根或者物理屏障的存在，并通过抑制侧根和根毛的生长做出回应，这样做会导致竞争性排斥——也就是根的隔离，相互临近的植物以这

种方式避免纠缠或竞争。[31] 当土壤中的资源丰富时，根的竞争就不那么激烈。

研究人员已经确定了一种与地面上的情况类似的根系竞争过程：植物会根据邻居是亲属还是陌生者调整自身根系的反应。一项使用沙丘植物美洲海滩芥（*Cakile edentula*）进行的实验表明，与生长在陌生植株旁边的美洲海滩芥相比，长在兄弟姐妹旁边的美洲海滩芥拥有较少的根生物量。因为它们不需要与亲属竞争，所以可以将较少的资源分配到根系上。[32]

植物不仅与其他植物建立合作关系，而且还可以和从真菌到细菌再到昆虫的广泛类群开展合作。它们向空气中释放化合物，以吸引授粉所需的昆虫或者驱赶昆虫捕食者。在地下，从根系渗出的物质辅助合作过程。这些渗出物让植物能够影响它们的根际（rhizosphere，即根系周围的区域）和栖息于其中的生物。它们会吸引帮助植物获取养分的微生物，还在亲属识别中发挥作用。实验表明，根系分泌物可以让一些植物分辨兄弟姐妹和陌生者。[33]

植物释放到空气中的挥发性化学物质起到信号的作用。当 47
叶片或茎被食草动物咬伤后，植物释放出的分子会传播到同一个体的其他器官，还会通过空气传播到附近的植物那里。危险！

信号的接收者会采取先发制人的化学防御反应或其他保护行为，以抵御将要发生的伤害。[34] 植物还在其他类型的植物间的相互作用中使用挥发性信号。例如，寄生植物能够通过挥发性化学物质识别宿主植物，它们使用的化学线索显然与食草动物用于定位和区分植物的化学线索相似。[35] 用来吸引合作者的线索似乎植物本来就会产生，其可能是作为次生代谢物或代谢副产品制造出来的；而用来发出危险信号的空气传播化学物质则是在草食动物或损伤的诱发下产生的。

挥发性化合物还参与间接保护机制。例如，当玉米植株的叶片受到蝴蝶或蛾类幼虫攻击时，植物会释放一种吸引黄蜂（这些幼虫的天敌）的化学物质。受到吸引的黄蜂捕食幼虫，阻止它们伤害玉米植株。[36]

除了与其他植物以及潜在的捕食者和授粉者进行交流之外，
48 植物还与其他生物建立了合作共生关系。共生——发生在两种不同生物之间的对彼此都有益的相互作用行为——对于植物的生长和生存至关重要。很多植物的根系与固氮细菌进行长期相互作用，细菌将氮转化为植物可利用的形式，而植物为细菌提供糖分。

另一种重要的共生关系表现在菌根上：它是植物和真菌形成的共生体，在这种共生体中，真菌能提高植物对水分的吸收和对氮与磷酸盐的获取量，而植物以碳水化合物的形式为真菌提供养料。[37] 菌根在群落构建和交流中发挥至关重要的作用。

一种真菌可以在地下连接多种植物，从而通过植物根系维持拓展网络和群落。与此同时，每种植物可能与不同的真菌形成一系列独特的关系。菌根通过允许它们互连的所有植物共享碳水化合物来建立资源共享网络。[38] 菌根共生体对植物的生存和繁荣至关重要，多达 90% 的维管植物拥有某种类型的菌根共生
体。[39] 此外，通过菌根连接的植物可以相互发送信号。蚜虫攻 49
击实验表明，豆类植物会通过菌根向相连的同类发出信号，警示邻居环境中存在可能造成伤害的蚜虫。[40]

正如在植物行为的其他方面一样，亲属似乎得到了有利的对待。研究人员发现，和生长在陌生植株附近的豚草相比，生长在亲属附近的豚草拥有更大的菌根网络。事实上，亲属植物群落具有更多的植物—真菌互作行为，这和植物获得的优势相关，包括叶片中较高的氮含量这一营养益处。[41]

植物根系会迅速形成菌根，这甚至发生在植物可以启动更长期的解决方案（例如根系增殖或发育）之前。[42] 植物还可以调整这种共生体，以应对不断变化的环境条件。当光照水平较低且光合作用效率下降时，菌根共生体可能会减少。[43] 储存能量不足或补充能量的能力下降的植物无法开展共生关系这种非必要行为。在资源极度有限的情况下，植物必须专注于支持自身，它无法与真菌共享碳水化合物以换取磷元素。

互惠互利的共生关系通常超越两方，例如植物和植物或者
植物和真菌。比如，在研究原产非洲和中东干旱地区的一种金 50

合欢树时，科研人员发现这种树的树根里生活着一种菌根真菌和一种细菌。在高盐度的压力条件下，接纳了这两种生物的金合欢树苗生长状态会好得多。[44] 涉及土壤细菌和菌根的类似三方共生关系也促进了绿豆和其他作物的生长。[45] 这种协同网络有时肉眼可见，但常常隐藏在视线之外。这些网络中的多样性支持整个系统的整合生长、维持和运作。

我们在这一章看到，植物和其他生物——无论是其他植物、昆虫、真菌还是细菌——形成的关系可以是合作性的，也可以是竞争性的；邻居可以是朋友，也可以是敌人。不过，在竞争情况下，植物可以采取很多方法避免在对抗行为上消耗过多能量。如果它们的邻居是亲属，它们通常会与之建立有益的关系。选择合作可以带来成功、维持生命和延长寿命。

通过研究植物如何与其他生物互动，我们可以看到建立生
51 态系统的重要性，它会提供支持、合作和社区。我思考了自己的职业网络是如何得到极大丰富的，这个过程不只是通过接触那些与我作为生物化学家的职业领域密切相关的人，还通过扩展我的圈子以纳入那些当我刚开始在自己向往的领域（包括指导和领导）工作时已经在这些领域有所建树的人。

我和我的合作者在我们自己的工作中发现，当我们试图将

这种模式应用于人际关系时，我们遭遇了侧重于个人成功模式的主流思维方式。[46] 例如在教育或专业环境中，来自边缘化群体或具有第一代移民背景的个人被本地知识网络拒之门外的情况并不少见，而这会降低个人获得成功的可能性。[47] 我们经常谈论这一点，造成这种情况的原因是人们无法获得知情人士口耳相传的非官方或不成文规则。但是我们可以从植物形成的基于网络的关系中学到很多。它们提供的范例可用于建立个人、职业和学习方面的合作（例如社区花园、基于社区的指导计划和合作性业务工作），而且这些范例突出地展示了多样化社区的力量。在充满支持和共享互惠价值观的共生关系和互联社区中，52
每个参与交换的人都既有付出也有回报。对这种共生关系和互联社区的培养为个人成功和规模更大的高效力社区提供了机会。

正如植物可以教给我们的那样，对环境的适应不必是个体层面的；我们有时最好以合作的形式做出反应，无论是在两方或三方的关系中行动，还是作为广泛关系网络的一部分采取行动。通过强大的沟通系统以及与合作者和潜在竞争者之间的各种互动，我们能够建立和维护最有效的网络。也许人类可以从植物身上学习，思考对亲属的更广泛的定义。我们对亲属的定义常常不限于那些与我们在遗传上相近的个体，而是在功能上扩展到与我们具有相似人口统计学特征的个人，无论是种族、民族，还是社会经济层面的特征。我们超越了遗传关系，但这只是狭义地超越，仅限于我们接纳的人和我们排除的人相比与我们在遗传上的关系既不更近也不更远时。

在将亲属关系扩展到生物学亲属之外时，我们目前仍然存在偏见，如果我们能够建立摒弃这种偏见的合作关系，就有望
53 提高我们的成就。这种努力需要我们首先认识到然后对抗我们的偏见，这很难。然而，如果我们在这方面取得成功，扩大我们目光所及和行动所涉的亲属的范围，可以极大地改变我们当前的环境，并增加所有人成功和发展的潜力。

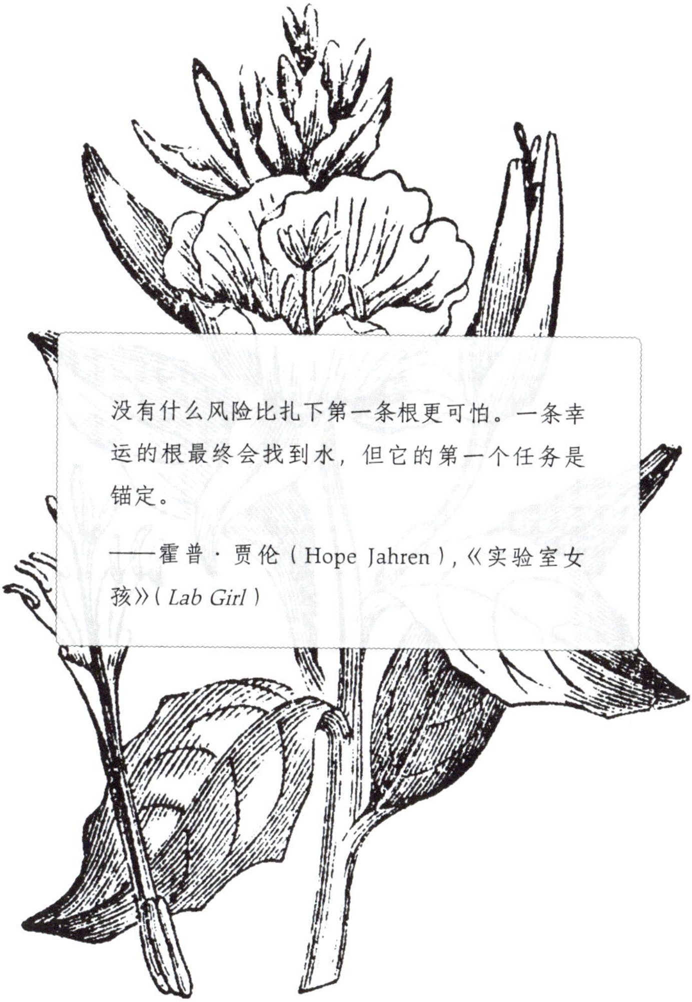

没有什么风险比扎下第一条根更可怕。一条幸运的根最终会找到水，但它的第一个任务是锚定。

——霍普·贾伦（Hope Jahren），《实验室女孩》（*Lab Girl*）

# 3

# 为了赢而冒险
# Risk to Win

你可能在路边、田野或者花园里欣赏过裂叶旱金莲的黄色 55
花瓣、草原紫菀（prairie aster）那一抹动人的紫色，以及金盏菊鲜艳的橙色花朵。它们都是不同种类的一年生野花——在一个生长季完成生活史的植物。如果你是一名园丁，会知道应该在每年春天种植一年生植物（比如三色堇和百日草），但是会希望多年生植物（比如萱草和芍药）年复一年地出现。在野外，一年生植物通常在受扰动（例如冬季或旱季）后从种子里萌发出来。它们在短暂的窗口期生长、开花，然后走向死亡。在这种不确定的时期出现是一种冒险的策略，但也有优点。这些小型植物限制了分配给营养生长（vegetative growth）的能量，选择迅速生长并将能量用于开花和种子发育。[1] 因为生活史短暂，

56 它们避免了必须和更健壮的植物争夺阳光和土壤资源的麻烦。暴露于捕食者和食草动物面前的风险与充分获得阳光和营养的机会，植物必须在这两者之间权衡决策。

种子发芽是一场注定的冒险。种子应该在下过一场雨或者迎来一个温暖的日子之后发芽，还是等到土壤完全湿润并且持续温暖时发芽？有些物种进化成了冒险者，种子的萌发门槛很低，而有些物种是风险规避者，会等待更可靠的条件。[2] 植物是风险评估师，这个概念在你看来可能很新奇，但是植物学家已经意识到，植物按照与动物大致相同的方式评估风险。这是它们开展许多活动的基础。这些行为中的一部分可能是由遗传决定的，而有些则是灵活的，涉及植物在生活史中做出的决定。

植物感知和权衡风险的方式有可能为我们提供深刻的洞见。如果周围环境条件欠佳，植物就会表现出超出我们预期的风险应对行为，尤其是当我们习惯了观察有能力起身并移动到其他地方的动物时。植物在单一环境中度过整个生活史，这个事实提供了观察有效冒险行为的独特视角。植物权衡风险并以
57 非凡的方式应对资源的稀缺，与此同时留在原地不动。在动物界，开展冒险或规避风险行为的相关决策在很大程度上取决于资源可用性的变化，并受到能量使用方面考量的影响。科学家发明了一种名为风险敏感性理论的概念来预测动物如何应对风险，这主要与其资源预算和战略能量分配有关。例如，根据这种理论，面对捕食者的动物会根据其生长、活动和繁殖等内部

过程以及对外部因素（如温度）做出反应所需的能量来决定是逃跑还是自卫。[3]

长期以来，我们认为植物不会进行风险评估，但最近的许多研究表明它们确实会这样做。当然，植物的行为方式与动物有所不同。植物可以通过重新分配资源来应对威胁，而动物则使用逃跑或战斗的方式。[4] 但是和动物一样，植物在动态或难以预测的环境中以及在资源稀缺时往往会冒更大的风险。如果植物的根系位于两种环境之间，其中一种环境养分恒定但含量较低，而另一种环境的养分水平经常变化，植物将选择在养分水 58
平经常变化的区域长出更多的根。植物赌的是自己能暴露在养分水平足够的环境中，哪怕是间歇性的。[5] 这与发生在动物中的风险感知是同一种行为。在资源稳定且供应充足的情况下，个体的冒险行为较少。但是在资源经常变化时，个体常常会做出冒险行为，以提高未来成功的可能性。

风险评估和决策为植物生活史的几乎每个阶段提供依据。从幼苗出土的那一刻起，植物就会评估它对光和养分的需求，并根据这些资源的可用性进行调整。因为植物会持续监测环境线索，所以它们可以迅速感知情况何时发生变化，并做出相应的短期或长期反应。科学家发现，植物对资源水平的时空变化非常敏感。值得注意的是，它们不仅能够辨别特定资源的浓度是否在变化，还能辨别出其变化得有多快（即梯度的陡度）。[6] 对动态环境条件的反应会带来风险，但从长远来看，这样的策略将有利于生长和生存。[7]

植物根据环境条件和资源可用性评估自身在生长、繁
59 殖或防御方面优先分配能量的潜在回报。挥发性有机化合物（VOCs）可以用作关于当前和未来状况的有效提示，从而帮助植物决定如何分配能量。正如我们在第 2 章中看到的那样，受到食草动物攻击的植物会释放挥发性有机化合物，向其他植物发出警示信号。但是收到信号的植物是否应该投入更多资源，去防御一场可能并不会发生的攻击？科学家对灌木蒿（sagebrush）进行了一项引人入胜的研究，发现与仅得到雨水的植株相比，那些拥有额外水分供应的植株更有可能对警告信号做出反应，也就是说拥有更多可用资源的植物更愿意将能量分配给防御。[8] 在对豌豆植株进行的一项类似实验中，处于缺水威胁下的植物向无缺水威胁的邻居发出了警示危险的信号，这些信号最有可能是通过根系传播的。邻近植物以应激反应作为回应，可能是因为其预期即将发生干旱。[9]

冒险行为在资源多变或有限时尤其常见。植物可以通过重新分配资源（短期或长期）、寻找获取更多资源的方法、停止生长，或者（在最极端的情况下）确定环境不适宜继续生存来做
60 出回应。例如，一株开花植物如果发现自己缺乏生存所需的足够阳光和养分，可能会将自己的能量储备转移到种子的生产上。这些种子可能会被风或动物带到其他环境中，或者它们会掉在地上储存起来，直到环境条件变得更适宜。[10]

植物扮演“动态战略家”的角色，它们根据对压力或环境限制的感知改变自身的行为。[11] 让我们首先从养分这方面探讨。能够持续获得充足养分的植物不需要冒险，它们只要将自己的根分布在营养丰富的空间中就行。[12] 当养分供应不足或断断续续时，启动耗能行为是有风险的。然而在这种情况下，一些植物的确消耗能量刺激根的增殖和伸长，因为遇到稀缺养分的收益超过了产生新的或者更长的根所耗费的成本。

对养分可用性低的其他反应包括分解叶绿素（褪绿）以减少依赖有限养分的细胞代谢活动，另一种反应是增强从土壤中吸收目标养分的能力。[13] 值得注意的是，正是那些资源有限的植物能够更精确地做出资源配置决策——这也许是因为如果它们做出了错误的决定，养分不足以及生长和繁殖受不利影响的风险会更大。[14]

铁是植物生长的关键营养素，因为它是光合作用过程必不 61
可少的元素。铁包含在吸收光的光系统中，并在光捕获化学反应所需的辅助因子中发挥作用。[15] 然而，存在于土壤中的铁常常以不可溶的氧化形式存在。这些铁相当于铁锈，不能被植物的根吸收，也不能用来合成支持新陈代谢和光合作用的化合物。[16] 植物采用几种不同的策略解决这个问题，具体策略取决于铁元素受限状况是轻微还是严重。

有些植物能够使用名为铁载体的化合物增加对铁的吸收，这种化合物起到融合并运输铁的作用。禾草经常使用这种策略。[17] 铁载体通过根分泌到土壤中，它们在那里与铁形成复合物。铁 - 铁载体复合物通过名为转运蛋白的特殊蛋白质被植物吸收，[18] 然后植物细胞将铁从不可溶形态转化为可溶形态，释放出来供代谢使用。

其他植物使用不一样的策略获取铁，它们主要是非禾本科单子叶植物（即除禾草外的草本植物）和双子叶植物。[19] 其中一种策略需要根排出质子，这会增加土壤酸度，让铁更易溶解。
62 另一种策略需要与能够合成铁载体的土壤微生物合作。[20]

除铁之外，其他养分对于植物的生理、结构和功能也是必不可少的。作为氨基酸（蛋白质的组成单元）和叶绿素的构成元素，氮发挥着至关重要的作用。[21] 和铁一样，短期氮受限会诱发增加氮吸收和利用的反应。其中一些反应涉及结构或发育变化，例如根的形态变化。[22] 植物启动根系的增殖以增加对氮的“觅食”，除非缺氮状况持续很长时间。如果出现这种情况，植物会限制根系的生长以保存用于生存和繁殖的能量。[23] 根系增殖需要投入很多能量，这会带来风险，但植物还是要这样做，因为植物在赌博，赌的是长出更多的根系将增加遇到富氮土壤块的机会。

正如我们在其他意欲获取资源的策略中看到的那样，植

物可以选择独自或协作响应。在氮的可用性上也是如此。很多
植物通过与固氮细胞形成共生关系来应对有限的氮可用性。这 63
些细菌可能位于根内部名为根瘤的结构中，也可能生长在根的表面。[24] 这种共生相互作用涉及对双方都有益的养分交换。植物将碳转移给细菌，而细菌产生的氮以易于被植物吸收的方式存在。

植物的另一种重要养分是磷，它在土壤中的天然含量相对较低。[25] 磷对于植物的发育、生长和功能维持至关重要，因为它是 DNA 和 RNA 这两类核酸的构成元素，此外，能源储存分子 ATP 和存在于细胞膜中的磷脂也含有磷。[26] 在缺乏磷时，植物会采取几种不同的策略。一种选择是通过排出质子改变土壤酸度来提高磷的溶解度，与缺铁时发生的情况类似。[27] 在长期适应中，更多能量可能会被用来给根系增殖，这种反应类似在氮受限时观察到的情况。[28]

和氮受限时一样，应对低磷水平的一种长期解决方案是合作。正如我们在第 2 章中看到的那样，有些植物进化出了通过形成菌根与真菌相互作用的能力。这种共生伙伴关系让植物能够更有效地从土壤中吸收磷。[29]

有必要记住的是，当植物构建共生关系以增加对养分的获 64
取时，它们仍然在冒险。在投入能量建立这种关系时，它们对互惠关系报以信任，相信更好地获取资源将提高它们的适应度和生存机会。因此，植物预期开展合作的回报将大于送给真菌

合作伙伴的糖类的生产成本。但情况并非总是如此。在有些情况下，植物承担的碳水化合物成本超过了它们得到的营养收益，这会将菌根共生体从共生关系变成寄生关系。[30]

与根据养分可用性和风险评估结果改变其行为的方式相同，植物还必须考虑其他重要的可变环境因子的可用性，尤其是光照和水分。

无论是因为荫蔽还是因为竞争，当一株植物无法获得足够的光照时，它都必须对此做出反应。对有限光照的一种长期结构性适应是改变叶片的构造。在充足日照下生长的叶片（被称为阳生叶）很厚，栅栏细胞的数量比海绵状叶肉细胞的数量多。
65 栅栏细胞含有大量叶绿体——光合作用的引擎，而海绵状叶肉细胞组成叶片的内部组织，它们含有较少的叶绿体，而且细胞间隙更大。与阳生叶相比，阴生叶较薄，含有的叶绿素也较少，海绵状叶肉细胞比栅栏细胞多。[31]

生长一片叶子是一项成本高昂的投资，因此风险很大。特定的叶片结构对特定环境下的光捕获过程以及光能向化学能的转化进行了优化。同样一片叶子在不同的环境中会发生不同的变化。阳生叶在荫蔽处不能很好地发挥作用，因为对于可用光线而言，它们含有过多的叶绿素。而阴生叶在充足的阳光下容易遭受光毒性的不良影响：由于将大部分能量投资于独特的叶片结构和其他与荫蔽环境相关的生理机能，它们制造的光保护色素较少。[32] 因此，对叶片构造的投资存在风险，因为叶片可能最终处于与其形态不匹配的光环境中。植物通过评估自身暴露于特定环境或特定资源水平（丰富或有限）可能是短期状态还是长期状态来权衡这些风险。如果环境条件看起来是长期的，那么冒险改变叶片形态就是可取的行为。

改变植物结构的其他方面也存在风险，例如长出新芽或分枝。枝条的萌发和发育是一个耗能巨大的过程，而植物可以通 66
过调节枝条的数量和大小应对环境风险。在某些情况下，投资额外的枝叶是值得的，这可以支持更多的花和种子生产。但是在有些情况下，最好在环境条件恶化之前限制枝叶生长并迅速开花。研究地中海一年生植物的科研人员发现，植物能根据环境线索的可靠性评估投资大型营养结构的风险和潜在成本。它们更多地根据可靠线索（例如白昼长度）而非不可靠线索（例如水分可用性）来调整自身的生长模式。[33]

还有一项风险相关行为与节水有关。叶片上有名为气孔的小孔，起到吸收二氧化碳和排出水蒸气的作用。植物通过调节气孔的开合来平衡水分，并基于风险考量进化出不同策略。植物学家根据植物如何调节水分状态将它们分为两大类。一类名为等水型（isohydric）植物，在叶片中保持相对恒定的含水量。为了在干旱条件下做到这一点，它们会关闭气孔来防止水蒸气逸出。虽然这种策略可以保存水，但它有一个缺 67
点，就是吸入的二氧化碳会变少，从而降低光合作用速率，导致用于供应能量的碳水化合物产量下降。另一类是非等水型

（anisohydric）植物，它们的叶片不能保持恒定的含水量。在干旱条件下，它们的气孔开放时间更长，从而维持更高的光合作用速率。保持气孔开放是有风险的，因为植物可能会过度脱水。然而，如果这种植物能够存活下来，那么相对于选择节水的植物，它们很可能更具适应性优势，因为它们能够保持光合作用的生产力。[34]

正如我们所见，植物在考虑机会和决定能量投资方向时一直在冒险。投资效果不佳的植物可能无法存活，而那些做出正确决策的植物将茁壮生长。

和所有植物一样，生长在路边的草原紫菀必须评估应对目前环境条件时面临的风险，但它的全部生活策略都像是一场赌博。这种植物进化出了一种与多年生植物截然不同的生活史。一年生野花在阳光充足的“机会窗口”将全部能量用于生长，而且是迅速地生长。因为它们生命短暂，所以和寿命更长的植
68 物相比，它们成功躲避捕食者的概率更大。如果它们存活并成功繁殖，它们会将种子安全地储存在地下，这些种子准备在下一个生长季或者在受到扰动后萌发出来。与此同时，体型更大的多年生竞争者才刚刚开始萌发并在生态系统中建立主导地位。从长远来看，一年生植物的冒险是有回报的。

植物所采取的冒险和风险规避行为揭示了人类值得效仿的明智的生存方式。它们依靠仔细的环境感知来提供信息，这些信息让它们能够识别潜在风险并指导其决策。它们评估哪些资源是短缺的，哪些合作者有助于缓解特定资源的短缺，以及如何发起和维持合作关系以改善资源获取状况。它们根据自身可以承担的风险决定向哪里分配能量，为了生存和繁衍，它们必须持续扫描和评估周围环境的各个方面，包括光照、水分和养分的可用性，以及它们附近的植物、细菌、真菌和其他生物。

人类可以学习如何以植物的方式更好地感知周围环境、评估风险，以及相互支持。我们应该支持彼此的短期和长期目标、 69
机会、如何分配或重新分配资源的有关决定，还应该支持彼此适当地把握时机，根据环境参数选择或调整个人的职业发展方向，无论目标是个人成长还是社区成长。为了完成这些任务，我们必须擅长监测环境。既然我们在一定时期内可用于所有活动的能量是有限的，那么就必须谨慎地决定将能量分配到何处，并确定哪些风险是值得承担的。在如何利用有限的资源在动态环境中最大限度地实现增长和成功方面，人类就像植物一样需要做出战略决策。

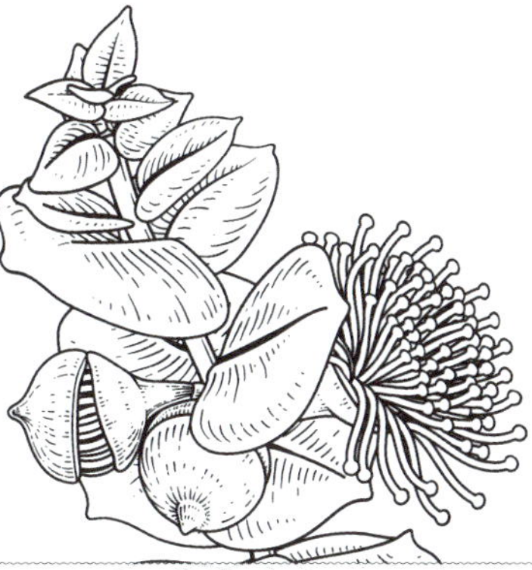

欲望让植物非常勇敢，令它们能够找到想要的东西；还让植物非常柔软，令它们能够感受它们发现的东西。

——埃米·利奇（Amy Leach），《世间万物》（*Things That Are*）

# 4

# 转变

# Transformation

在每天开车去上班的路上，我都会路过一个废弃的工厂。71 年复一年，我目睹了它的变化。一开始，它是光秃秃的，然后它被草覆盖，如今它拥有开花植物、小灌木和乔木树苗，形成了一个生机勃勃的社区。这个荒凉的区域发展成了成功的植物混合群落，对这个过程的观察绝对令人着迷。我亲眼见证了植物逐渐将这片土地转变成丰富的生态系统。

发生在这座城市地块上的事情类似野外环境下火山爆发或洪水等灾难过后发生的事情。火山喷发后，熔岩沿着山坡流下，它们灼烧和摧毁沿途的一切并覆盖土地，随后冷却变硬。这是在构造一种新的生境：一片近乎无菌的土地，基本清除了所有生物。这是 1980 年发生在圣海伦斯火山（Mount St. Helens）72

上的情景，当时先发生了火山喷发，然后山体部分坍塌引起了山体滑坡。该事件对当地环境造成了彻底的破坏，大量土地被清理。最终，植物开始重新生长。当初有些种子被留在土壤中并且保留了发芽能力，有些种子是被鸟类或风带到这里沉积下来的。还有些植物从火山喷发后幸存下来的根或枝条上重新萌发。[1] 在这样的扰动过后，植物生长的速度取决于可用水分含量，以及拓殖植物在火山灰或硬化熔岩中生根并利用其中的有限养分存活的能力。[2]

我们已经看到，植物无论身在何处都能茁壮生长，因为它们具有令人印象深刻的能力，能够感知周围正在发生的事情，以便让自己适应环境甚至改变自身，更好地支持自身的生长和存续。在这一章，我们将重点关注它们转变环境从而令自身所需资源更易获取的能力。

火山爆发只是改变植物生态系统的多种扰动之一。另一个例子与火灾有关。当大火在土地上肆虐，严重破坏生态系统之后，土壤可能会变得非常贫瘠并遭到侵蚀，也可能保留部分有
73 机质或植被。[3] 植物最终会恢复，有时恢复的速度相当快。很多因素决定了火灾后哪些物种继续存在或出现，包括火灾强度、燃烧前的物种组成以及种子库的构成。一些种子需要火烤烟熏

来启动萌发，例如很多松树、桉树、红杉、山杨和桦树的种子。[4]有些植物在火灾后可以从根系再生，例如许多禾草、一些栎树和桉树。[5]

植物甚至能够在极为有害的环境中修复自己，甚至包括在 1986 年发生了核辐射灾难的乌克兰切尔诺贝利。[6]很多针叶树在这次核事故之后死亡，例如欧洲赤松（Scots pines），它们对辐射非常敏感，但这片土地再生得很快，因为更能抵抗辐射的落叶树又长了回来。[7]另外，该地区的树木并没有全都死亡，那些存活下来的树为我们提供了宝贵的研究材料。为了测量辐射灾难发生后树木生长和恢复的情况，科学家采集了它们的芯材。他们评估了芯材的年轮宽度，这是径向生长和木材质量的良好指标。[8]

树木的年轮是由叫作维管形成层的细胞薄层形成的，并从中形成叫作木质部的输水组织。木质部构成了我们所说的木材。[9]一道年轮代表木质部一年的生长情况，而它的宽度代表其 74
相对年增长量。比较从树干外部延伸到中心的芯材年轮的宽度，就可以深入了解树木不同生长季的生长变化。木材的其他特性如孔隙率也可以通过芯材来研究。[10]在观察切尔诺贝利树木的芯材时，研究人员发现它们曾经暴露其中的环境放射性水平越高，树木生长得就越慢。在灾难刚刚发生后，放射性水平最高时，它们生长得最慢。事故发生十年之后，遭受辐射的树木在生长和木材成分方面仍然表现出受到了（核辐射的）长期影响。[11]

除了直接破坏树木外，辐射的影响还延伸到了生态系统中树木建植、生长和存活的其他部分。例如，很多无脊椎动物和细菌生活在土壤中并分解积累在森林地表的枯枝落叶及其他有机碎屑，而辐射抹除了它们。补充和维持土壤健康的自然过程因此中断，这导致了土壤生态系统的显著变化，并抑制了很多植物物种的生长。[12]

75 因为植物的复原能力较强，往往比动物更快地从灾难中恢复，所以它们对于受损环境的复苏至关重要。为什么植物拥有这种从灾难中恢复的优越能力？这主要是因为它们和动物不同，可以在整个生活史中产生新的器官和组织。这种能力来自植物分生组织的活动，分生组织是根和芽中的未分化组织，能够响应特定线索，分化成新的组织和器官。如果分生组织在灾难中没有受损，植物就可以恢复并最终转变被毁或贫瘠的环境。在一些细微之处也可以看到这种现象，比如一棵被闪电击中的树从旧伤疤上长出新的树枝。除了植物的再生或重新发芽，被破坏的区域还可以通过重新播种来恢复。

研究切尔诺贝利周围植被的科学家们发现了植物的一种额外的保护机制，可以降低辐射的破坏性影响。辐射会导致所有生物体出现有害的基因突变，但多年暴露于辐射中的植物产生了能够稳定自身基因组的适应性。[13]这再次有力地说明了植物的复原能力，以及它们在环境中的生存能力和转变环境的潜力。
76 这种在面对环境挑战时保持韧性的能力，以及通过个体的坚持、持续增长和繁荣转变环境的能力，是人类值得借鉴的重要特征。在火山、火灾或者其他灾难之后，随着植物、动物和微生物返回环境，生态系统的组成和结构通常会以可预测的方式发生变化。例如，草可能先后让位于灌木和乔木。生态学家使用“演替”（succession）一词称呼这些长期变化，而且他们区分了两种不同的演替类型：原生演替和次生演替。原生演替发生在没有土壤的新陆地或岩层上，例如硬化后的熔岩流或者新冒出海面的岛屿。次生演替指的是发生在没有抹除全部植物和土壤的火灾或洪水等不太严重的扰动之后，群落或生态系统的建立。[14]

你可能已经预料到的是，很多因素会影响扰动后哪些物种首先出现以及物种组成如何随时间变化。其中一些因素包括营养物质和光照的可用性——光照数量及光谱特征。通过开展移除和添加不同植物物种的实验，生物学家发现，演替模式受到区域中存在的特定物种以及它们之间相互作用的强烈影响。[15]

其他影响演替的因素包括气候变化和入侵物种的存在，后 77
者不是特定生态系统的原生物种，会以某种形式对生态或经济产生不利影响。[16]

随着演替的进行，群落的结构会发生变化，产生改变的还有生态系统的其他方面，例如土壤特征。[17] 各个植物物种通过拓殖、建植、生长和生存过程来适应当地环境的能力，对演替的整体模式产生显著影响。[18]

许多关键属性决定了哪些植物物种能够在火灾等反复发生的扰动之下繁荣兴盛。这些属性包括在扰动中存续下来的方法、建植机制，以及达到关键生命阶段（繁殖和衰老）所需的时间。一个物种的存续和它是否拥有令其在遭受扰动后能够回归的属性有关，它可能拥有在土壤中保持活力的种子，或者它可以从幸存的根中发芽。建植机制涉及植物在遭受扰动后如何生长和繁衍的问题。有些植物能够迅速建植，而其他植物可能会晚一
78 些，这取决于争夺资源的能力等因素。达到关键生命阶段所需的时间也是至关重要的，例如，成熟和繁殖所需的时间影响一个物种建立优势地位的速度。[19]

演替模式有多种变化，但科学家们认为它们可以分为三种不同的途径——促进、耐受和抑制。这些途径描述了在演替早期建植的物种是否促进、耐受和抑制后来物种的建植。促进途径在原生演替中更常见，而耐受途径通常是土壤和养分比较容易获取的次生演替的特点。当已建植物种抑制竞争物种的侵入时，就会出现抑制途径。这种抑制状态会一直持续到已建植物种衰老或者受到相当大的伤害时，其中的任何一种情况都会导致资源被其他物种使用以占据生态位。[20]

虽然植物间竞争在演替过程中发挥着重要作用，但是与其

他生物的相互作用也有关系——动物放牧和其他形式的食草行为，以及病原体的存在。[21] 食草动物可以限制植物的生长和种子的生产，并因此限制了植物的传播和存续潜力。[22] 它们还可以影响土壤的氮动态和化学性质，并对植物和植物群落的生活史和存续产生相关反馈效应。食草动物可以通过啃食养分含量 79
高的植物组织（它们会优先摄入这部分生物量）来减少生态系统中氮等营养物质的循环。[23] 因此，食草动物可能在演替过程中导致植物恢复速度减缓或者改变物种动态。

在原生演替中，出现在贫瘠环境中的第一批植物被称为先锋植物。尽管面临重大环境挑战，这些物种仍然能够生长。先锋植物是那些你可能看见过的从人行道或机动车道的裂缝里钻出来的植物。它们还能从硬化的熔岩里冒出来。这些植物能够追踪最细微裂缝里的水分，这让它们能够在悬崖边缘或者崩裂的沥青里生长，在这些地方，能够获取的水分非常少。作为一种生存策略，获取关键水分或阳光的有限机会（也许一生只有一次）可能比生长在此类空间中带来的其他风险更重要。

先锋植物通常对资源只有最低需求，是优秀的清道夫。它们可以在不同类型的土壤中生长，而且能够应对非常低的养分可用性。事实上，很多先锋植物能够增加养分可用性——要么 80

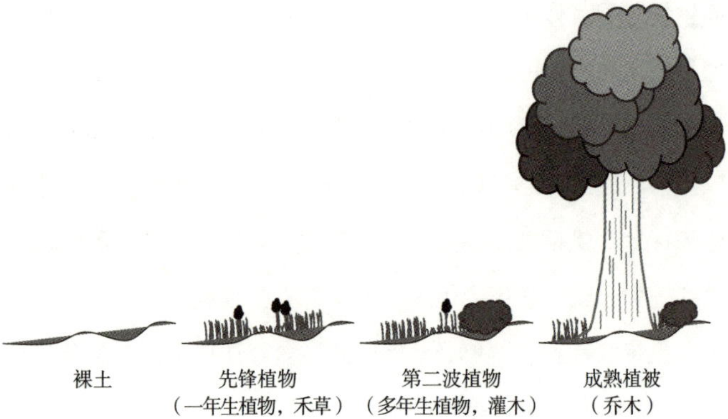


原生演替始于遭受过严重破坏如火灾、洪水或火山爆发的贫瘠环境。先锋植物首先出现，它们需要的资源有限，而且可以在贫瘠土壤中生根。先锋植物改善了土壤特征，让第二波资源需求更高的物种得以建植。最终，随着生态系统的不断改进和变化，出现了乔木以及其他需要肥沃土壤并且可以在荫蔽环境中生长的植物。

通过分泌特殊化合物增加某些养分（如铁）的溶解度，要么通过与其他生物建立关系，例如能形成菌根的固氮细菌或真菌。[24]先锋植物会产生多种为后来者改善条件的效果：它们改变土壤的 pH 值，让土壤更适宜其他植物，它们的存在提高了土壤的稳定性，从而降低了破坏性大风的影响。[25]

81 随着先锋植物的生长，它们以特定的方式转变环境，令其提供额外的可用资源，包括提供可能位于人行道、铺装路面或熔岩之下的土壤，或者松动高度压实的土壤。每一株先锋植物都会创造新的微气候——一种与更大的生态系统不同的局部气候。创造出来的微气候可以支持植物自身的生长，并有助于比早期耐贫瘠植物拥有更大资源需求的后来物种的成功。[26] 一些先锋植物能够通过根系生长和扩张产生的机械力或者通过根系分泌的酸或其他腐蚀性化学物质分解岩石或熔岩。[27]

这些首批出现的植物通常适合在明亮光照下的干旱土壤中生长。[28] 在死亡和分解后，它们有助于土壤的形成和聚集。[29] 通过这种以及其他方式，土壤中的矿物质和养分通常会随时间的推移而增加。但是这种转变在原生演替中发生得很缓慢。有限的资源可用性可能会继续限制群落的生长和发展。[30] 先锋植物的后继物种的特性也会影响演替的速度。

在原生演替的第二阶段出现的植物对养分的需求略高。然而，这些植物通常仍然可以在养分被认为不是特别丰富的土壤
中生长。和先锋植物一样，这些植物通常擅长获取稀缺的养分， 82
或者它们会与其他生物合作，后者能够将资源转化为更容易被它们使用的状态。随着第二批植物的活动将环境转变成拥有更丰富的资源和更容易利用的土壤地块，更多批次的植物开始蓬勃发展——这些物种需要更多养分和肥沃的土壤，或者可以在荫蔽或光照较弱的环境中生长。不同植物物种的相继建植和成功最终形成更多样的生态系统，多样性的最高值可能出现在演替的较早时期，因为在演替过程的后期，优势物种变得稳定并且可能抑制其他物种的进入。[31] 影响扰动环境下演替顺序的部分植物特征包括与幼苗建植有关的特性，幼苗成功发芽和生根的能力因进化史和当地生态条件而异。[32]

洪水是一种不同于火山爆发的扰动。虽然洪水可以导致生态系统的广泛破坏，但并不会完全摧毁它。一场大洪水（例如在飓风期间发生的洪水）经常会彻底杀死许多小型植物，并沉
83 积土壤或淤泥，掩埋其他植物。较大的植物和树木通常会存活下来，但可能会遭受严重的物理损伤。生态系统被洪水、大风、火灾或其他此类能造成严重损害的扰动破坏后，就会发生次生演替。这片没有被完全清除全部植物和其他生物的地区，随后会被重新拓殖或再次栖居。

次生演替中的先锋物种通常具有一些与原生演替中的先锋物种不同的品质，因为它们在环境中可以利用的养分和土壤都更多。与原生演替相比，次生演替期间对资源的竞争往往较少。[33] 生态学的一条原则是，没有两个物种可以在同一位置占据相同生态位（即发挥相同的生态作用），一个物种总是在竞争中胜过另一个物种。一个物种在演替过程中取代另一个物种的过程以不同的速度发生，并影响群落最终的物种多样性。

物种多样性可以用几种不同的方式来衡量。生态学家经常提到 α 多样性和 β 多样性，前者定义为在局部区域发现的物种数量，后者指的是一个地区不同区域之间物种组成的差异。[34] 局部区域的多样性受到很多因素的影响，包括不同物种在地块

之间移动的难易程度。[35]α 多样性通常在演替过程中增加，尽管 84
在某些生态系统中，环境会随着时间的推移而逐渐稳定下来，然后多样性可能会下降。[36]

到目前为止，我们一直在讨论自然环境中的过程。在城市景观以及其他被人类改变过的土地中，多样性遵循不同的模式。人为干预是改变当地多样性特征和影响植物物种组成的重要因素。例如，人为干预较少的空地拥有大量不同种类的植物，但通常每个地块的植物种类大致相同（即 α 多样性高，β 多样性低）；相比之下，对于多个不同的住宅花园而言，每个花园拥有的物种较少，但花园之间的差异很大（α 多样性低，β 多样性高）。[37]

根系在演替中发挥着重要作用，因为它们会影响植物的建植及植物转变环境的相关特性。生长在地下的根就位于我们脚下，它们在那里控制土壤特性，从而控制整个生态系统。植物的健康很大程度上取决于其根系的活动和功能。我们可以通过开花和结果的能力来衡量植物的健康状况，但提供繁殖所必需
营养的器官是根。植物从土壤中获取养分，而且正如我们在第 85
3 章中看到的那样，当养分稀缺时，植物通过改变根的形态——形状、长度、分支——或者通过渗出能提高养分溶解度的化合

物来获取它们。这些行为可以转变土壤质量，并促进植物与细菌和真菌的协作。

陆地生态系统中最具活力的部分是与根相关的部分，包括附着在根毛上的土壤层、根鞘和围绕根的土壤，即根际。[38]与这些土壤元素相关的活动驱动着植物建植、存续和转变能力等许多方面。根的物理组成以及根产生的化合物都会影响根鞘的产生和根际的特性与功能。土壤是紧实还是松散，是贫瘠还是富含养分，都会直接影响种子的形成和植物的寿命。[39]根的这些反应直接改变了土壤特性，进而影响所有土壤居民的生理和生态。这种行为确实极具转变效果。

根系根据环境条件进行变化的能力被称为根的可塑性，这种能力可以是生化的，如分泌物的产生，也可以是物理的，涉
86 及结构的改变。植物的根释放溶质和碳，并且可以根据环境线索表现出结构差异，从而导致土壤生态系统发生变化。例如，根系结构可以影响土壤中的水分动态。[40]根系结构和生物量的变化可以通过改变土壤压实程度来改变土壤孔隙密度，而这反过来又会改变水被土壤吸收和从土壤中流动的方式，最终影响植物的反应，例如对水的摄取。其中一些反应（包括根的分泌物）可以由植物暂时控制，这让植物能够以既快速又可逆的方式适应环境。[41]另外一些反应，如长期变化的根系结构，会导致土壤和整个生态系统的持久改变。

在生态系统中，与根系功能相关的大部分动态可归因于植

物根系产生并释放的渗出液以及相关微生物。[42] 根系渗出液可以改变矿物质和养分在土壤中的溶解度——土壤的化学性质，甚至可以降低有害物质如铝的毒性。[43] 作为根分泌的一种物质，根系渗出液对根际有重大影响，它是一种凝胶状溶液，含有糖类、乙二醇和磷脂。[44] 根系渗出液可能提高了某些植物
的耐旱性。与周围缺乏黏液的土壤相比，它可以增强或显著改 87
变根向木质部输送水分的能力、根际的保水性以及对水分的吸收。[45]

植物还合成并分泌可用作表面活性剂（润湿剂或分散剂）的脂质化合物。这些化合物提高了植物根系吸收与利用资源的效率。目前已经发现，表面活性剂会提高含磷和含氮化合物的溶解度。[46] 包括资源可用性的提高在内，土壤特性的变化还会影响微生物的生理和代谢过程，从而进一步转变土壤成分，令其拥有更多支持植物生长的生物化学和生物物理特性。

根系渗出液和表面活性剂的产生与功能是植物分泌的产物如何改变土壤生境的有力例子。但是植物并非唯一影响植物群落组成的生物，尤其是在地下。各种真菌会产生统称甾醇（sterols，与胆固醇相近）的相似化合物，它们有防水效果，起到防止真菌菌丝干枯的作用，从而增强根系的保水能力。[47] 这些生物还会释放疏水性糖蛋白，它们覆盖在土壤团聚体上，从而改变土壤吸收水分的能力。[48] 甾醇、糖蛋白和其他真菌产物影响土壤的生物化学和生物物理特性，其作用方式和根系产生

的黏液一样。

85 土壤成分和土壤微生物对生态演替和环境转变也有显著影响。[49] 生态系统中的这些基本上看不见的部分——以及在它们之间发生的无数相互作用——随着时间的推移而变化，并对群落的植物物种组成以及生态系统的发展产生相应的长期影响。[50] 土壤中的真菌组成也会随着演替的进行而发生变化，菌根的性质和功能也会改变，进而影响植物群落的组成。[51]

菌根与植物和土壤之间复杂的相互作用虽然隐藏在视线之外，却推动了演替和生态系统变化的关键方面。[52] 回忆一下，菌根体现了真菌和植物根系之间的共生关系，可以提高根系对水分和养分的吸收能力。菌根真菌的类型和存在连同土壤肥力，共同影响一个地区的植物生长情况，因为对某些物种而言，菌根对植物生长的影响取决于土壤质量。有些植物只有在贫瘠土壤中与真菌形成共生关系时，才会生长得更好；生长在肥沃的土壤中时，它们无法从与菌根形成的关系中获得多少好处。[53]

菌根真菌物种还影响植物的竞争能力，这可能是通过促进
89 营养和矿物质的吸收与利用实现的。科学家已经指出，有些环境条件如贫瘠的土壤或荫蔽的位置会限制植物保持高水平光合作用的能力，它们还会限制植物形成菌根的能力。[54] 与那些菌根发育得更好的植物相比，这些植物在竞争中处于劣势，随着时间的推移，还会影响种群组成和动态。反过来，植物物种组成可以改变土壤中的菌根真菌种群。[55] 随着土壤真菌种群发生

变化，土壤可以支持的植物种类范围也可能会发生变化。于是，这些变化可能导致土壤只支持菌根需求与土壤中存在的真菌相互匹配的植物。[56] 换句话说，植物对菌根真菌种群结构和动态产生的影响可以反过来影响植物演替，从而影响当前和未来植物群落的组成。

具有改变环境潜力的植物间的合作行为的另一个例子是叫作群游（swarming）的现象。群游是一种基于不同个体共同参与的社交行为，而且它可以作为一种紧急策略使用，通过小规模互动建立起复杂的模式。[57] 它发生在大量个体以主动或被动 90
的方式朝着大致相同的方向共同移动时——主动的群游是自主而不是依靠外部力量产生的。[58] 我们每个人都熟悉一些能够在日常生活中见到的群游例子，例如鸟群、鱼群，当然还有成群飞行的昆虫。群游行为在细菌中也很常见。人们发现群游细菌会向营养丰富且资源竞争较少的区域移动。[59] 阿德里安娜·玛丽·布朗（Adrienne Maree Brown）雄辩地描述了这种行为："群游是一门艺术：保持足够的距离而不至于拥挤，足够一致以保持共同的方向，足够凝聚以始终朝着彼此移动（共同应对命运）。"[60] 当然，在社区中找到和自己朝着共同方向前进并追求一致目标的个体，而且自己可以与之共同追求个人目标，这件事的重要性人类非常清楚。

没有人指望能够在植物中发现群游行为，因为它们不能四处移动。但是植物的有些部位的确会移动，2012 年，一群科学家宣布他们发现正在生长的植物根系会进行活跃的群游。他们发现相邻玉米幼苗的根系往往朝同一个方向生长，即使它们生长在均匀一致的基质中。[61] 这种行为的目的可能是“优化与环
91 境的相互作用”。[62] 根系群游的一个潜在优势是，一群共同合作的根可以释放铁载体等化合物，以提高养分在当地土壤中的溶解度。[63] 像这样的群游行为会导致土壤化学成分的空间调节，并促进植物的生长和增强植物的耐受力。和鸟的群集一样，根的群游是一种命运共享的紧急策略，当根系共同运作以溶解养分或者与其他生物体（如细菌和真菌）共生时，这种策略有助于转变环境。[64]

“在你被种下的地方开花。”这句话常常被用来鼓励人们在自己身处的任何地方生存和发展。它想表达的思想是，我们应该表现得像植物，而很多人据此认为植物能够充分利用园丁将其放置的任何地点。然而，这个比喻非常有误导性。正如我们在这一章看到的那样，植物不只是在环境中运转自身而已，它们还积极参与并转变环境。它们采取表型可塑性反应来优化自

己的生长，而且它们表现出了某种意识，这种意识超越了它们的自我界限并反映出对外部环境的认识，有时被人称为“延扩认知”（extended cognition）。[65] 这种意识可以导致植物做出 92
改变或适应环境的行为，为自身和其他栖居者改善环境。在演替过程中，早期出现的物种以特定方式影响生态系统，这些方式决定了哪些物种能够在下一阶段生长和繁殖。

促进人类环境变化所需的技能与植物在生态演替过程中表现出的技能类似。在人类体制或生态系统中，文化变革的先驱者起到了先锋的作用。有些人的特质让他们能够以连续和协同的方式促进变化，以发展和维持新的生态系统，识别和支持这些人至关重要。像先锋植物一样高效开拓的领导者，能够在利用有限或多变资源引导变革的同时推动组织繁荣发展。他们还认识到，即使在环境看似稳定的时候，先驱者的努力也可以开辟新的方向和创新。

在人类的演替模式中，组织常常过于关注群体动态，很少认识和接纳个人——尤其是有效的变革推动者——对希望实现的文化变革可能产生的影响。实现变革需要能够克服障碍的领 93
导者和开拓者，就像原生演替中的先锋植物需要突破障碍或者在艰难处境中扎根一样。这些先驱者常常能够用最少的资源或网络支持想法、成长和创新，从而实现变革。然后这些个人的努力会导致额外的生态系统变化，以支持推动和维持文化变革和体制转变所需的下一波个体。

先驱者的目标转变最初通常需要一个破坏阶段。就像管理某些生态系统需要制造计划中的火灾一样，人类生态系统可能需要故意的破坏，才能改变根深蒂固的模式或固有思维和行动，并有目的地朝着预期的结果前进。[66] 虽然故意破坏常常是必要的，但我们不应忽略的一个事实是，有益的破坏机会可以源自不良意图。例如，一位被很多美国人认为反女性和反科学的美国总统在 2016 年当选后引发了全国性的抗议运动，包括 2017 年的妇女大游行和科学大游行。

环境中的扰动会改变能够在那里生存、繁荣和存续的个体
94 的组成成分。然而，我们往往忘记了在某些时候有必要故意引入扰动或破坏，就像我们在适应火灾的生态系统中所做的那样，个体组成的重大变化可能是实现变革目标所需要的。人们常常声称希望在追求公平的过程中带来生态系统结构的重大改变，但却忽视了摆脱社区组成现状需要真正的“扰动”。对于一个组织而言，它可能需要重新评估招聘策略和筛选流程，以促进对更广范围内个体的识别和招募。我们必须明白，文化变革需要适当的演替过程，此类演替过程需要适当的环境，而干预和故意破坏对于支持这种环境至关重要。

就像植物一样，我们可以通过多种方式完成系统性变革。启动转变的战略方法始于反思和了解我们当前的状况：确定当地环境的特征和可用资源，然后评估我们的需求。在社区层面，一部分个体（先驱者）可以通过充当“传感器”来为整体服务。

这些人被放到合适的位置上，以评估气候——需要我们做出反应或创新的环境——的快速变化。在人类生态系统中，如果有 95
意的干预旨在催化出某种促进生态系统长期进化的平台，那么这种干预就能够产生预期的效果。在正确的时间和地点发起强有力的文化变革需要某些特质，而先驱者就是拥有这些特质的人，每个人都必须认识到先驱者的重要性，并支持先驱者以这种开拓性的方式发挥作用。

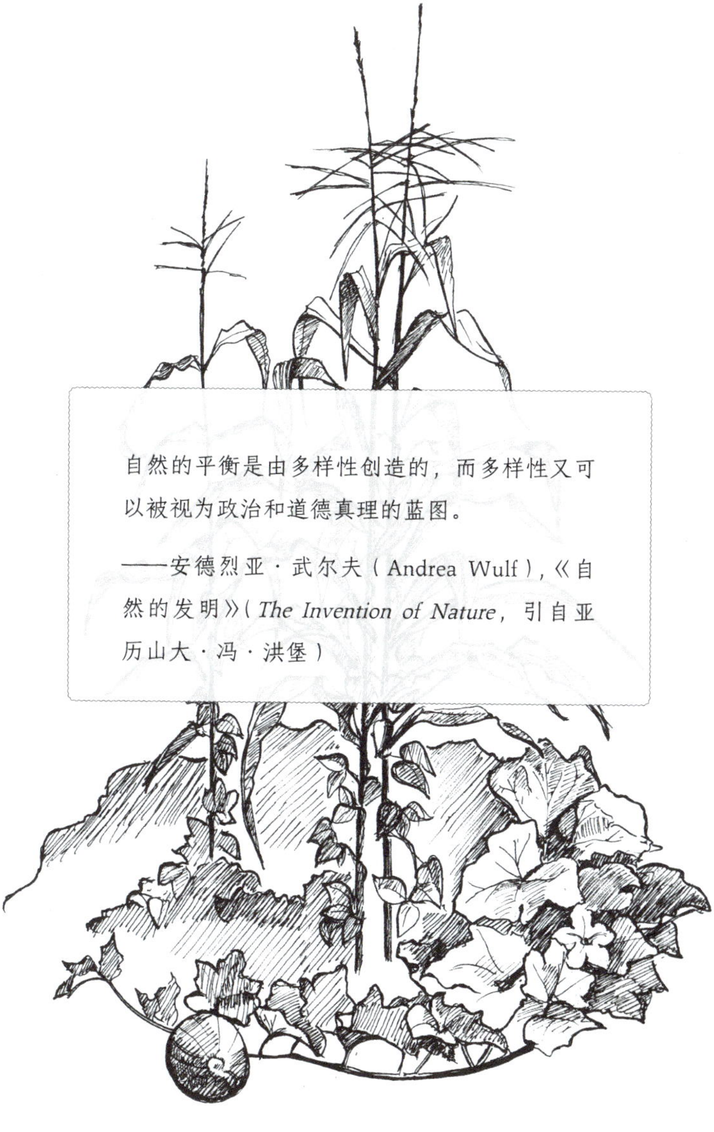

自然的平衡是由多样性创造的，而多样性又可以被视为政治和道德真理的蓝图。

——安德烈亚·武尔夫（Andrea Wulf），《自然的发明》（*The Invention of Nature*，引自亚历山大·冯·洪堡）

# 5

# 多元化社群

# A Diverse Community

夏天，我经常去一片开满野花的田野。有些野花非常小，97
小得几乎看不见，而有些野花可以长到 1 英尺（约 0.3 米）高，还有的会长到这个高度的两倍，它们共同绽放出彩虹般绚烂的花朵。我被构成这个群落的各种形态和色彩深深吸引。在凝视这一奇观时，我思考所有这些不同的物种是如何共存的。虽然我每每惊叹于这里的多样性，但是走路、骑自行车和开车经过的很多人却未曾注意到这个蓬勃发展的生态系统——他们缺乏植物意识。令我百思不得其解的是，他们如何能够匆匆经过而不停下，哪怕只是片刻也好，他们如何能够不去赞叹田野中的各种植物，不去思考在地面以上和地下土壤中发生的复杂相互作用。

研究植物群落生物多样性的科学家发现，许多不同的物种可以和平共处的部分原因是一种叫作生态位互补的现象。每个
98 物种占据略有不同的生态位，即群落中的某个位置，这由它的生活史、资源使用情况以及它与其他物种的相互作用决定。因为每个物种——甚至同一物种内的每个基因变体——都有不同的需求，所以多样性产生的结果就是最大限度地利用特定群落或生态系统中的资源。[1]多样性不仅有益于每种植物，而且不同物种的独特能力和行为还有益于集体。生物多样性更高的生态系统往往生产力也更高，也就是说，它们能产生更多的生物量——更多的叶、茎、果实和其他植物部位。

如今，商业化农业的特点是大规模单一种植玉米、大豆和小麦。虽然这种做法令种植和收获变得更容易，但它并不是种植农作物的唯一方法。世界各地原住民文化中的农民长期以来一直使用一种叫作间作的技术，这种技术会将两种或多种作物种植在一起。就像在自然生态系统中一样，事实证明当某些作物以多种栽培的方式种在一起而不是单一栽培时，生产力会更高。[2]间作通过种间促进作用的过程提高了每种植物的生产力。
99 在这个过程中，每个物种都有助于促进其他物种的生长、繁殖或存续。[3]因为每个物种的个体使用不同策略获取资源，所以它们能够分配资源而不是竞争资源。

间作的一个最好的例子是被称为“三姐妹”（Three Sisters）的古老种植方式。这种将玉米、豆类和南瓜一起种植

的栽培方法长期以来一直为许多美洲原住民所用。[4] 怀着对“三姐妹”系统这一馈赠和其他传统生态知识（但无意借用这些知识）的深深敬意，我在本章探讨了对这种实践的深入思考可以获得哪些智慧。

为什么“三姐妹”系统的应用如此广泛？通过将玉米、豆类和南瓜种在一起，种植者能够发挥它们的互补优势。玉米为豆类提供垂直支撑。豆类提供易于吸收的氮，用作所有作物的肥料。南瓜离地面低，可以抑制杂草生长并为另外两个伙伴保持土壤水分。在“三姐妹”花园里进行多种栽培的植物，其产量高于单一栽培的植物。[5] 这种原住民农业实践体现了多样性促进下的互惠关系的积极成果。对于个体而言，与孤立地或者只 100
与和自己相似的个体共同运作时相比，它们在多样化的环境中会表现得更好。它们在一起时一切更美好，实际上我们也是如此。“互惠的经验教训清晰地记录在‘三姐妹’花园中”，植物生态学家、被波塔瓦托米部落（Citizen Potawatomi Nation）接纳的成员罗宾·沃尔·基默尔（Robin Wall Kimmerer）写道。[6]

就像在所有重要关系一样，时机对于挖掘“三姐妹”系统的协同潜力至关重要。[7] 大蕉和木薯间作研究证实了“三姐妹”

系统的经验，即每个物种的种植和建植顺序在决定多种栽培作物的最终生产力方面发挥着至关重要的作用。[8]

对于这“三姐妹”而言，“大姐”玉米最先出现。种子吸收土壤中的水分以促进萌发。玉米幼苗生根，启动叶片的发育和扩张，并建立起强大的光合作用，以便过渡到独立状态。此时，幼苗不再利用种子中的养料储备，而是通过光合作用制造养料。下一个出现的豆类是“二姐”。独自萌发的豆类生长得离地面很近，非常容易遭受生物和非生物因素如捕食或低光照水平的伤害和胁迫。但是当它爬上旁边的一株玉米时，豆类可以利用“大姐”玉米的支撑并被抬高。从地面升起有利于
101 豆类的生长。当茎缠绕在玉米茎上时，豆类就能更多地暴露在驱动光合作用的阳光下。正如我们将在下一节看到的那样，豆类的根在提供氮方面也发挥着重要作用。“三妹”南瓜最后出现。南瓜植株将宽阔的叶片铺在土壤表面，在玉米的株冠中寻找阳光可穿透的开放空间。更多光照意味着更多光合作用，以及维持生命的糖类的更高产量。低矮蔓生的南瓜叶片覆盖并保护“大姐”和“二姐”的根系；它们还能防止杂草滋生，避免土壤变干，而且因为它们带刺，还能阻止食草动物对“三姐妹”的捕食。[9]“三姐妹”建植和生长的时机仿佛一场安排精当的舞蹈。用基默尔的话说，这“三姐妹”体现了“关系知识”，而且它们的舞蹈所蕴含的意义远远超越了它们的存在和繁荣。[10]

当我们观察“三姐妹”花园时，可以很容易地看到这三种植物如何在空间中布置叶片以避免相互竞争。[11] 但是很少有观察者能够注意到在地下支持这套系统的植物器官。根系常常与土壤微生物群系中的其他生物形成联系，这些联系影响植物从建植到生长再到开花的整体健康状况。[12]“三姐妹”系统也不 102
例外。

在地下，“三姐妹”像在地上一样相互支持和补充。玉米的根系很浅，它们占据土壤的表层，而豆类形成的深根在其下方挖出地道。南瓜植株会将根扎在两个提前建植的“姐妹”的根系尚未占据的地方。在南瓜植株的茎与土壤接触的任何地方，它都能够产生额外的根，这种根被称作不定根。这些根可以布置在生态位内的开放空间，为南瓜植株的生长和存续提供额外支持。[13] 这些不定根以及另外“两姐妹”的根毛能够将自己分布在土壤的所有可用部分，从而让植物能够寻找资源并与其他植物建立关系。[14] 对于“三姐妹”之间的关系，这种地下合作和地面上的合作同样重要。正如基默尔所说，这些植物在共同栽培中的互惠关系再次证明，“所有馈赠都在关系中成倍增加”。[15]

除了从土壤中吸收水分和养分外，植物的根系还与细菌和
真菌建立共生关系。细菌将氮转化成植物可以吸收的形态，真 103

菌形成菌根，以提高植物吸收水分以及获取氮和磷酸盐的能力。这些相互作用不是单向的：植物获得更多水分和肥料，而细菌和真菌则接受来自植物的糖类大礼。[16]

以“三姐妹”为例，“二姐”豆类提供氮肥，因为它的根中生活着一种特定的固氮细菌。[17] 菌根虽然并非“三姐妹”系统的工作重心，但也发挥着关键作用，就像在自然环境中一样。它们对于群落的建立和交流尤为重要，因为只需一株真菌就可以在地下连接多种植物，从而在它们之间建立联系和网络。菌根不仅从它们定殖的植物身上获取碳，还促进它们相互连接的个体共享碳。[18] 这种相互作用产生了资源共享网络，就像是在群落中的不同个体之间产生了某种经济体系一样，将它们聚为一体。

尽管“三姐妹”之间和谐相处，但并非所有多样化环境中的互动都同样和善无害。因此，植物进行相应的检测和响应也
104 同样重要。正如我们在第 2 章中看到的那样，植物必须分辨潜在的相互作用是有利的还是有害的——与自身相互作用的其他生物是朋友还是敌人。植物可以通过存在于细菌细胞壁上的特定分子识别有害细菌——病原体。其中一些分子在进化过程中高度保守，因此很多不同种类的病原体含有同样的此类分子。

病原体的这些分子片段可以被植物受体检测到，从而成为危险迫在眉睫的有效信号。[19] 因为在细菌与植物表面或土壤相互作用时，这些分子会被释放出来，成为警示潜在入侵者的信号，其还会被发送到邻近的植物那里。我们还在一些动物身上看到了这种发出示警信号的能力。例如，在被捕食者攻击时，鱼会释放出可以被附近的鱼闻到的化学物质。当附近的鱼是亲属时，受到攻击的鱼会释放更多此类化学物质。[20]

植物通过本地和远距离运转的防御机制来应对此类威胁，回忆一下，在受到病原体的攻击时，植物会产生挥发性有机化合物，这些化合物会在植物内部传播或通过空气传播给其他植物，以警示危险。

正是这种行为让植物能够在动态条件下生存和繁衍。不仅 105
捕食者来来去去，土壤特性（如养分有效性、水分含量和土壤 pH 值）和植物群落本身的组成也会随着时间的变化而变化。随着植物生长得越来越密集，或者有些植物越长越高，光照或土壤养分的可获取性可能会发生变化。异质环境条件可以增强生态社区的适应力并提高生态系统的多样性。[21]

“三姐妹”系统向我们展示了多元化环境中的互惠可以带来的生产力增长。它还强调了社群互动的有益影响，并提供了基于生态系统促进交流和支持成功的智慧。“三姐妹”充分证明了伙伴互惠关系、生态位分区以及养分或资源循环的力量。[22]“三姐妹”的经验同样适用于公共价值的相关讨论。[23]

然而，最重要和最历久弥新的经验可能是，理解社群中的每一个个体都具有特定的技能，并且有潜力做出独特的贡献。
106 我们所有人都必须培养对每个人独特贡献的个体意识，发挥个体贡献之间的协同作用，并培养一个欢迎这些馈赠的社区，认识到它们如何为整个社区做出贡献并使社区获得提升。[24]

早在科学家认识到“三姐妹”的互惠关系并命名其背后的机制和过程之前，开发出这些作物种植知识的原住民就已经知道将玉米、豆类和南瓜种植在一起的好处。想一想原住民群体曾经和现在拥有的关于自然界的所有其他知识。也许是时候弥合本土知识基础和科学知识基础之间的差距了。[25]以这种方式将此类知识汇聚在一起，自然界的面貌就能得到充分的反映。“三姐妹”提供了受植物知识启发并超越植物知识的经验教训。毕竟，正如基默尔解释的那样，“科学要求我们了解生命体。传统知识要求我们向它们学习”。[26]

“三姐妹”花园中互惠关系的性质可以指导我们人类如何在生活的各个领域（包括个人领域、职业领域和教育领域）建立互动。对于我们存在其中的这些领域，我们常常认为它们在
107 时间、精力和资源等方面是相互竞争的。[27]因为我们在不同领域花费的时间和精力主要是由我们感知到的回报和义务驱动的，

所以我们倾向于将自己对一个领域的参与视作将宝贵的时间和精力从对其他领域的参与中抽走——这让我们不断地处理相互竞争的需求。

我们不应该认为这些领域是相互竞争的，我们应该考虑的是，各个领域的整合或者互惠反馈可以在个人和职业领域产生益处，就像将不同作物种植在一起可以提高生产力一样。[28] 作为教授，我过去经常在教学、指导、研究和参与服务活动的各项职责之间感到左右为难。当我开始看到这些职责的重叠并开发具有协同作用的活动，例如在我的课程中将自己的研究新发现用作核心材料时，我个人认识到了培养互惠性的重要性。事实上，如果我们将不同领域视为责任或机遇方面的互惠领域，而不是时间、经历或资源的竞争领域，那么对生活与职业的“平衡”将产生不同的优先考虑并提供额外机会。

就像“三姐妹”花园里的玉米一样，第一个领域是支撑另一个领域成长的基础。在建立了强大的主要基础之后，我们接下来可能会寻求促进第二个领域的发展，该领域与我们的主要利益相互依存并受其支持。最后，我们添加第三个重要但优先级较低的领域。在确定了我们希望用来评估自己的生活或事业成功的主要标准之后，我们可以评估哪些互补性活动会以产生合作关系的方式结合或提升我们的第一或第二领域，即“姐妹”。在我的教授职业生涯中，这三个领域是由评审和晋升标准定义的——研究、教学和服务。在我的个人生活中，育儿和 108

工作年限这两个主要领域是确定的，而第三个领域如自我照顾是个人选择。就像“三姐妹”花园里的玉米、豆类和南瓜一样，这些领域“是合作，而不是竞争”。[29] 在夏天和我儿子一起远距离徒步是我合作性地参与育儿和自我照顾的一种方式。“三姐妹”系统为启发个人和职业跨领域整合提供了丰富的框架。

正如基默尔所言，对于“其他生命体作为我们的老师、知识保有者和指导者的能力”，“三姐妹”还为我们提供了相关经验。[30]
这些经验对建立、促进和运用跨文化能力至关重要。当我们欣赏来自不同文化背景的个人的天赋时，我们就有责任为他们创
109 造机会并支持他们的成功。我们应该将这种经验投入到许多领
域的实践中去——我们的社区、学校、工作场所。[31] 随着美国人口结构的不断变化以及学习者和工作者社区的迅速多元化，这种经验变得越来越重要。[32] 认识和接受多样性的互惠益处，这种能力对我们至关重要。

如果我们能够睁开眼睛，从“三姐妹”乃至所有植物身上看到这些策略，就会有大量智慧等待我们认识和挖掘。

我选择如此生活，让来到我身边的种子作为花朵走向下一个人，让来到我身边的花朵成为果实继续走下去。

——朵娜·马尔科娃（Dawna Markova），《我不愿还没活过就死去》（*I Will Not Die an Unlived Life*）

# 6

# 为成功做计划

# A Plan for Success

我还记得，当我母亲心爱的盆栽植物之一即将在某个容器中走到生命尽头时，母亲总会密切地关注它。她常常会说，很快就该给它换盆了或者很快就该将它分株了。到时候她会小心地从旧花盆里取出植物，然后将它放入更大的容器里，或者将萌蘖枝分离再将它们重新上盆。如果未能将植物转移到资源更丰富的地方，植物就会萎缩和死亡，有时则会导致它们过早开花。作为照料者，母亲通过仔细地关注和介导促进这一过程，帮助植物在其环境中茁壮成长，同时让它们自然过渡到生活史的下一阶段。 111

在第 4 章中，我们在植物转变环境这一背景下讨论了生态演替问题。正如我们所见，植物与其他植物竞争的能力或者适

应不断变化的群落的能力决定了它能够在特定环境中生存多
112 久。[1]如果环境不能维持自身的长期生存，植物将制订脱离当前环境的计划。一种策略是从生长过渡到开花结实，寄希望于种子能够遇到更好的条件。

每种植物都遵循基于其历史的自然生长和发育模式，而这种模式会根据当前环境以及与其共存的其他生物组成的群落进行调整。一年生植物必须在只有一个生长季的生命中开花并产生种子，而多年生植物可以在某个生长季错过成功的开花结籽，因为它有机会在以后的年份繁殖。[2]虽然生活史不同的植物可以在同一环境中生存，但每种植物都具有基于其基因组成的特定行为（尽管可受环境调控），而且它们必须相应地调节其能量消耗和行为。

植物根据对环境的监测做出决定，这一点对它们至关重要，因为和所有生物一样，它们拥有的能量是有限的。它们必须对自己的能量精打细算，尤其是在资源有限时，因为一项活动使用的能量不可能再为其他活动所用。

113 在使用感官能力评估环境中的变化之后，植物就会决定采取何种行动以保证生存并继续保持生产力。如果认定继续生存是不可能的，那么植物接下来会为支持下一代的发展制订计划。

植物对环境的反应是由其整个生活史中遇到的条件驱动的。早期生命阶段如幼苗建植可以影响后期生命阶段，而且植物在特定生活史阶段对环境线索的反应方式会影响其特征。即使是遗传上非常相似的植物，也会表现出不同水平的表型可塑性，这是由对环境线索的分子响应介导的。例如，科学家研究了小型开花植物长柄繁缕（starwort）的两种生态型（不同的遗传变异），它们分别对两种截然不同的环境适应了多个世代，并且对不同栖息地之间的不同环境线索做出不同的反应。[3] 科研人员研究了一种生长在北美大草原上的生态型，那里有茂密的植被和遮阴处；还研究了一种生长在高山草甸上的生态型，那里的植被比较稀疏，对光照的竞争较少。适应荫蔽的北美大草原生态型在有遮阴的情况下表现出了快速伸长的高度竞争能力。相比之下，适应了阳光的高山植物对遮阴的反应就有限得多—— 114
在实验中遭受其自然环境下很少遇到的光照限制时，它们的伸长幅度小得多。科学家观察到的对光照的不同反应能力是由遗传构成、对环境线索的分子响应以及环境历史之间的相互作用驱动的。

自然生境、生活史以及植物对可用性各种不同资源的分子响应容量，这些因素也会推动植物在整个生活史中的反应。早在胚胎植物从种子里萌发出来时，就可以观察到环境历史对它的影响。植物的这个生长阶段被称为种子至幼苗过渡期，它是植物发育的关键阶段，受到该植物生根时的环境动态及其来源种群的环境历史影响。[4] 在种子至幼苗的过渡期，会发生一个至关重要的转变，从依赖母体储存到胚胎植物中的能量转变为使用光合作用过程中生产的能量为自身生长提供能量。这种转变需要植物谨慎地把握分寸。幼苗必须准确地调节自身的新陈代谢，确保小心地消耗能量，以便在自身继承的能量储备耗尽之
115 前积累支持光合作用所需的全部成分。因为幼苗极易受到捕食和其他危险的影响，因此种子至幼苗过渡期是物种建植的一个瓶颈，它能够决定植物种群的组成。[5] 虽然只是植物整个生活史的一小部分，但这个过渡期可以推动自然群落的动态变化，并影响物种多样性的延续。当然，发芽时间的一般模式是由植物进化出的生活史策略决定的。然而对于很多种子而言，发芽时间可能受到环境因素如光照或水分可用性的调节。因此，对该过渡期时间和进程的小心调控为植物提供了一种在特定环境下管理继任计划的方式。[6]

环境对植物如何从一个生命阶段或世代走向下一个生命阶段或世代有着深远的影响。例如，在某些环境条件下，植物可能决定加速其生活史，或者脱落其叶片。植物不会轻易做出结束生活史或者牺牲重要器官的决定。然而它们认识到，有时候为了长期存续而牺牲短期生产力是自己能够做出的最明智的决定。

在长时间荫蔽条件下，一些避荫植物通过减少开花所需时

间来加速自身的发育过程。一年生植物寿命缩短或者多年生植 116
物生长季缩短的结果是，储存能量的时间也缩短了。走上这条路的植物只能结出数量较少且较小的成熟种子。[7] 然而，如果恶劣条件持续下去，制造一些种子可能比继续处于营养生长的非繁殖状态要好，因为后者需要承担将来根本无法制造出任何种子的风险。除了缩短开花所需时间，这些植物常常还会减少分枝，这导致需要能量投资的总体叶生物量减少。

为将来做计划的另一种形式是我们都熟悉而且喜闻乐见的：一年一度的秋色降临。这是落叶乔木和灌木脱落它们的叶片以准备过冬的时期。作为这个程序化且精心编排的过程的核心部分，植物会减少叶绿素的生产（生产过程非常耗能），并降解现有的叶绿素。这样做会关闭光合作用过程，让植物能够保留维持光合作用装置所需的能量，避免支出维持叶生物量过冬所需的代谢成本。植物还将养分从叶片转移到在寒冷天气下存活的其他部位。[8]

叶绿素的丧失导致叶片中其他色素的颜色更容易被人眼看 117
到，例如类胡萝卜素强烈而明亮的黄色和橙色以及花青素的红色。[9] 作为战略能量配置的响应变量，色素合成的变化与落叶时间相协调。这个过程是迎接未来计划的基础，在这个计划中，
植物准备以更加蛰伏的状态存在。通过牺牲叶片，树木可以在 118
冬季从碳储备中产生或调动最少的能量用于基础代谢以及与保护分生组织和芽有关的过程，这些能量还会用来启动新叶在春

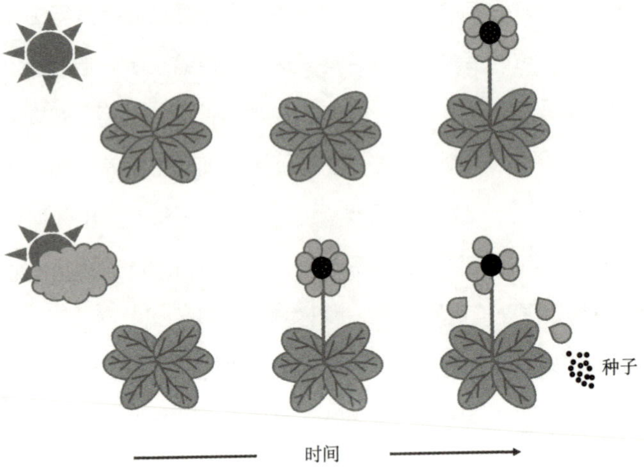


与生长在最佳条件下如全日照（上）的植物相比，生长在次优条件下如浓荫（下）的植物在光合作用以及能量生产方面会受到限制。如果恶劣条件持续存在，这些植物可以加速开花，以增加在生活史结束前孕育出种子的概率。

季的产生。虽然落叶在某些方面与加速开花不同，但由于落叶树木每年都会脱落叶片，因此落叶时间在一定程度上可以根据季节性线索的变化而变化。

就像刚才介绍的例子一样，为将来做计划既可以在个体层面进行，也可以在群落层面进行协调。在群落层面进行协调的一个例子涉及成熟和年轻植物在不太理想的条件下（如资源短缺）是如何共享资源的。研究人员发现，在某些情况下，一些被称为“保育植物”（nurse plants）的年长植物会帮助更年轻的、体型较小的植物（包括相同或不同物种）。虽然年轻植物得到了保育植物的帮助，但这种关系是互惠的：与分开生长相比，当幼年和成年植物一起生长时，它们的生长和生存状况都更好，就像玉米、豆类和南瓜在“三姐妹”系统中生长时那样。幼年植物受益于保育植物提供的荫蔽，以及成年植物下方的枯枝落叶沉积的额外水分和养分。这些枯枝落叶还很有可能调整土壤的化学和营养水平并促进植物与细菌和真菌的共生关系，从而改善土壤性质。土壤中的这些变化形成一条反馈回路，同时支持幼年和成年植物。对于保育植物而言，另一项好处是与分开生长的同龄植物相比，它们会开更多的花，这可能是由土壤性质改善造成的。更多的花可以吸引更多授粉者，从而进一步放大花量增加对结实的影响。



同样，在森林中，老树可以通过连接植物根系的菌根网络将糖类从成年植株运输到幼年植株，以满足后者对能量的强烈需求。[10] 当老树死亡时，它们可以提供再生有机成分，供幼树用于生长和增加适应度。

与未来计划和资源共享相关的其他群落响应涉及菌根社群。构成菌根的真菌常常与不同植物形成关系网络。[11] 菌根使植物能够节省能量，因为它们提高了根系对养分和水分的吸收能力，这为植物带来的好处远远超过了植物与真菌搭档共享糖类的

120 成本。[12]菌根连接多株植物的事实有利于共享决策和社区维护：能量储备过剩的植物可以与脆弱的社区成员共享这些能量，以支持后者继续生长和生存。在瑞士一片森林中开展的一项巧妙的实验记录了这种共享的程度。研究人员追踪了被一棵高大的云杉吸收的碳（以二氧化碳的形式），发现这些碳有很大一部分通过菌根网络转移到了附近不同物种的树木中。[13]

植物相互支持并确保未来成功的另一种方式是在受到攻击时向邻居发送信号。正如我们在第 2 章中看到的那样，在防御食草动物时，很多植物会释放挥发性有机化合物作为信号。这些信号被植物自身用来抵御危险，也用于警告亲属（一些昆虫和其他食草动物进化出了反击的方式。这些捕食者释放它们自己的信号，以扰乱植物间的交流，令相邻植物无所适从，陷入更容易受到食草动物侵害的状态[14]）。

这些精心设计的反应以群落为基础，并在生态系统层面进行协调，通常在个体和社区层面都能很好地为植物服务。
121 然而，植物常常同时面临多种压力，所以必须为它们的多种反应排列优先级，以适当地计算其能量开支。例如，如果一株植物正在应对光照过剩的威胁，它可能会暂时中止对其他威胁的反应，让它能够优先提高自身捕获光照的能力，或者在光照过剩的情况下保护自己免受伤害。[15]科学家们还观察到，应对盐胁迫的植物——例如那些在全球越来越普遍的盐渍土壤中生长的植物——启动避荫反应的能力较差，而那些对荫蔽做出反应的植物往往降低了对食草动物的攻击做出反应的能力。[16]

正如我们所见，在自然群落中，植物具有通过计算能量、改变生活史、共享资源或者发送危险警示信号来照料自己并与其他生物互动的策略。但是在照料我们的花园、室内植物和作物时，人类作为照料者提供干预措施。

我们都有那么一株在自己的照料下长得不好的植物。那么，对于遭受威胁的植物，我们能够做些什么呢？我们如何帮助一株长势不良的室内植物？要想解决这些问题，我们通常重点关注环境中缺少什么或有什么问题，或者照料者有什么问题。我们很少提出的问题是，植物本身是否无法生长或表现出成功。

对于表现不佳的植物，照料者最常见的反应是首先对植物 122
的生长环境进行详细评估。植物是否接受足够的光照，是否光照过剩？环境中是否拥有类型和数量适当的养分？植物是否浇水过少或过多？温度是否太低或太高？是否有迹象表明害虫或食草动物正在危及植物生命？是否有其他迹象表明植物的适应度下降或遭受困境？对植物所处环境中的生物和非生物成分的彻底分析至关重要。通常而言，照料者会考虑采用特定的干预措施，并在使用这些干预措施之后继续评估植物的健康状况，以确保改善植物状况的尝试确实有效。

当我们作为照料者广泛探索外部环境并确定具体缺陷或者未被满足的需求时，我们常常认识到成功的植物生长需要新的资源或者对现有资源的重新分配。我们评估是否需要令已存在于环境中某个地方的资源变得可用，使其支持植物的生长和发育。例如，水龙头可能有水，但如果它无法抵达植物生长的土壤，它就
123 毫无用处。对环境的全面认识，结合对个体植物需求的充分了解，使照料者能够将植物与它们成功所需的特定资源连接起来。

在某些情况下，资源可能在数量上充足，但在其他方面存在缺陷。例如，来自水龙头的自来水可能含有不合格的杂质。在这种情况下，净化措施可以解决问题。或者植物可能需要不同形式的水支持其健壮生长和存活，例如瓶装水或过滤水。

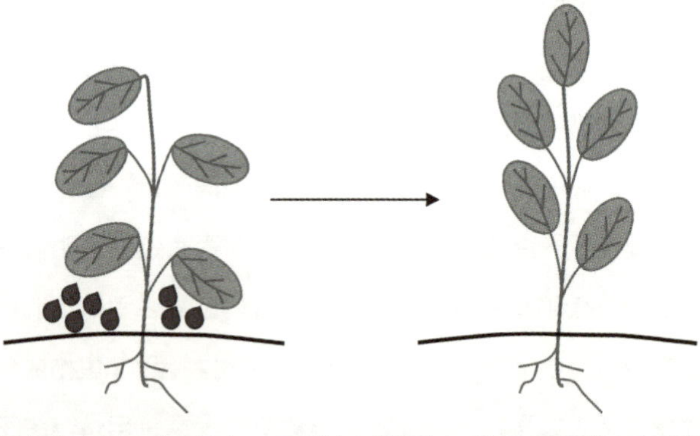

萎蔫的植物（左）显然需要水，而照料者可以提供水。这种干预措施有助于被浇水的植物（右）恢复健康，而没有得到水的萎蔫植物会继续遭受威胁并且可能死亡。

为了帮助植物茁壮生长，照料者必须能够认识到它当前的以及不断变化的需求，然后确定并获取必要的资源。对于两株 124 生长潜力相同的植物，与无法获得必要资源的植物相比，拥有足够资源的植物将生长得更好并表现出更高的生产力。

作为照料者，当我们的努力失效，或者当我们对阻碍植物生长的因素缺乏了解时，我们经常寻求专家的建议。我们将失败归咎于自己的照料和看护不足或无力，因此我们经常寻找机会来改善自己的照料方案。我们可能会请求自己认识的擅长照料植物的人帮忙。也就是说，我们积极寻求培训或指导，以学习成为更好的照料者，包括就如何确定植物需要什么资源或者如何提高我们的照料能力征求建议。

如果植物生长状况不佳，作为最后的手段，照料者可能会将这种结果归因于自己未能确定如何促进植物的茁壮生长，而不是植物本身的失败。在照料者用尽所有环境干预措施、寻求培训或者请专家进行干预也无法让植物茁壮生长时，他们可能最终认定植物缺乏一些自己无法确认的资源，或者可能无法在特定环境或在自己的照料下茁壮生长。然而，在这种情况下， 125 他们常常对植物本身没有负面判断，而是不情愿地接受照料者个人未能调解环境缺陷以支持植物生长的现实。要想培养个人的成长和成功，我们必须使用我们用在植物身上的基于探究的思维方式。我发现在照料植物时，我们通常会专注于自己能够做些什么来帮助植物茁壮生长。然而在指导别人时，我们一开始的倾向却完全不同。我们常常强调个人的假定弱点和缺陷，而不是试图找出可能正在阻碍他们的环境因素。

要想促进个人的发展和成功，基于成长型思维模式的综合方法是更行之有效的。这种方法使我们认识到，同时考虑个人和环境两方面的贡献是至关重要的。幸运的是，在一些学习环境、工作环境、基于社区的扩展计划以及指导计划中，导师和领导者开始探索环境因素对个人成功或成长潜力的影响，而不是默认采用基于缺陷的视角。

尽管取得了这一进展，但还有很多工作要做。正如我们在照料植物时那样，我们应该通过询问有关环境影响的系统性问
126 题开始与他人的接触。当植物照料自己时，它们会感受和感知外部环境中的信号。这种感知使植物能调节信号网络，最终做出行为反应。然而，对于其他人，我们经常颠倒这个过程。我的工作表明，当我们拥有基于缺陷的心态时，我们会在感知到不佳结果时对个人做出负面判断。我们会迅速认定个人的缺点，或者认为个人在挑战来临时无法取得进展。我们常常默认这种评判性反应，而不是了解关于个人及其环境的问题。[17]

当来自少数派群体、边缘群体或者历史上代表性不足和受排斥群体的个人遇到适应特定环境或在该环境中获得成功的挑战时，这种趋势尤其明显。[18] 体制常常给他们贴上“无法成功”的标签。这种基于缺陷的方法未能充分评估环境因素对个人成功的影响。那些评判他人的人经常假定环境中基本上没有阻碍

成功的有害因素，实际上这些因素可能确实限制了个人的潜力。我们需要像对待植物一样对个人做出反应并期望他们成长。然 127
后，我们必须探索他们周围的环境，并分析我们在照顾环境时表现出的反应能力。

我们不该默认我们和其他人试图在其中取得进展的系统是绝对可靠的，也不该默认环境是适宜的。充分了解系统如何影响个人至关重要，这将极大地丰富和提升我们从支持到指导再到领导和倡导等方面的参与实践。此外，理解组织中的支持和包容的历史（或者它们的缺陷）有助于降低冒充者综合征（imposter syndrome*）的易感性。这种综合征患者虽然取得了可验证的成功，却感觉自己并不能胜任，越来越多的人认为，这种心理不仅源于和人格特质相关的内部因素，还源于竞争、孤立和缺乏指导等外部因素。[19]

对可用资源的深入了解，加上对个人需求的充分认识，让我们能够做出有针对性的努力，将个人和有助于他们成功的资源联系起来。扮演环境管理人是我们最重要的角色之一。[20] 而作为一名有效的管理者，一名有成长意识的支持者会意识到可用资源何时不足，并促进个人与适当替代品的联系，或者协助改变现有资源（就像我们用过滤器净化受污染的自来水一样）。

---

* 冒充者综合征，也称自我能力否定倾向，是指个体认为自己没有能力取得成功，即使按客观标准评价已经取得了成功，他们也会否定自己，把成功归于其他因素。——编者注

128 我们可以通过提供培训来改善指导、支持和领导，从而在社区中推动这种资源转变。社区领导者应在设定社区成员担任此类支持性角色的期望方面发挥关键作用——领导者应当通过支持和指导提供结构性准备，建立问责机制，并相应地奖励努力。

支持者、导师和领导者在帮助个人充分发挥潜力方面发挥着重要作用。假如有两个资质相同的人，而其中只有一人连接到适当资源或者嵌入适当的发展或支持网络，那么此人的成功概率就大得多。正面成果的潜力在很大程度上取决于既定网络中的关怀者能够认识到自己的经验、专业知识和资源获取方式如何满足自己支持的人的个人需求并推进他们的目标。要想有效地实现这一点，需要确保支持者及其同事准备好根据最佳实践或者所需创新提供文化上足以胜任的关怀。社区领导者可以设定明确的目标，并为那些寻求提升自己对他人的关怀和对社区的看护水平的个人提供有保障的时间和激励措施。[21]

当支持性关系进展不佳时，支持者、导师和领导者可以向
129 有经验的其他人寻求建议。[22] 顾问可以建议有待采取的具体行动，协助提高对资源的认识，或者促进需要支持和指导的人与可用资源的连接。[23] 向知识更丰富或更成功的人寻求有关植物照料的建议不会被视为能力缺陷，同样，我们需要营造这样一种环境、社区和文化，在这种环境、社区和文化中，寻求关于如何最好地支持和指导他人的建议被视为一种受到鼓励、认可和奖励的优点——实际上这也是一种责任。

如果不幸遇到支持性关系进展不顺利的情况，我们照料植物的方式也可以为我们提供经验教训。就像我们对待长势不佳的植物那样，我们应该考虑到提供支持的个体可能无法满足被支持个体的需求，而不是断定个体存在难以解决的缺陷。特别是如果出现与文化相关的不匹配现象，那么和“文化相关实践”有关的指导和支持措施可以提高支持者帮助来自广泛多样背景的人们的能力。[24] 参与此类文化相关实践可以“帮助我们理解自身如何关注和利用边缘化与少数派社区的文化财富”，此外还有助于我们评估阻碍进步的系统性结构障碍。[25] 一个人有效发挥文化相关支 130
持作用的基本要求之一是“保持双重视角，既将被支持的人视为个体，又将其视为更大社会环境的一部分”。[26] 这包括能够充分理解具有少数派背景的个人面临的许多挑战源于长期系统性不平等的历史。[27] 如果一名支持者未能很好地服务某人，并且已经就如何改善关系寻求建议的话，那么承认结局可能不会太好并将被支持者转交给更合适的关怀者不应被视为失败。如果不这样做的话，坚持与一个自己支持的技能不匹配的人交往，可能会导致那个人无法良好地成长。重点应该始终放在支持成长上，这独立于关怀者的意图而且不会造成任何伤害。

我们可以通过观察、思考和实践从我们对植物的照料方式

中得到的经验教训，获得关于如何支持他人成长的丰富知识和
131 灵感。从成长的角度看待我们与植物打交道的方式，并在这个过程中强调探索和理解，可以帮助我们转变与被指导或被支持者打交道的方式，专注于帮助他们实现个人和职业目标。就像我们对待植物一样，我们必须使用线索来指导我们对他人的关怀，以支持他们的成功和发展。

我们的个人和职业环境总是优先考虑个性化的成功和成就模式，而不是基于社区的合作和互惠。[28] 我们必须从基于缺陷的指导和支持方法转向基于成长的支持实践，在学习和职业环境中提供指导和支持，尤其是对于那些来自未被充分代表且经常得不到支持的群体的人。这种基于成长的模式具有极大的潜力，能够提高来自广泛人口统计和背景的人们的成就。个人在我们环境中的存在和发展不仅能促进他们自身的成长，而且会对他们在其中生活、工作和学习的社区产生积极的影响。

我们可以从植物如何相互照顾中学到很多东西。保育植物为它们“指导”的幼年植物提供好处的方式，以及保育植物在促进生长和繁殖方面得到的互惠利益，向我们展示了为何优先考虑合作而非竞争。这些保育植物和“三姐妹”系统提醒我们，与他人合作，我们会成长得更好。

我们做出正确选择和明智决定的能力和意愿并不是天生的，这是一种后天习得的技能，而植物可以成为伟大的老师。

——莫妮卡·加利亚诺（Monica Gagliano），《植物如是说》（*Thus Spoke the Plant*）

# 结语

## 场地管理
## Groundskeeping

当我儿子还是个婴儿时，我们种下了“他的”树，这样我们就可以看着它生长，并且每个季节和年度记录这棵树和他自己的成长历程。我们选择的白云杉树是一棵常绿树，虽然它不会在秋天落下色彩缤纷的叶片，但这棵树在我们这个家庭的关注下以各种方式发生着变化。第一年，它长得有点向东偏离，所以我们小心地在它身上绑了一根绳子，再将绳子系在西边的一根棍子上，然后轻轻往回拉，让它长得更直。尽管作为一个蹒跚学步的幼童，我儿子并不完全理解这么做的原因，但我们告诉他，无论是谁，年轻的时候都常常需要这种温柔的指导。而对于树木来说，这种行动在树苗阶段最有效，此时它们的树干仍然柔韧。 133

多年来，当我们检查并照料他的树时，我解释说他呼出的
134 气体含有二氧化碳，将作为馈赠被这棵树接受。这棵树会吸收这种精华，将其转化成可以帮助形成叶片甚至木头的糖类，这样他就会永远成为这棵树不可或缺的一部分。随着这棵云杉长成“青少年”，我们继续满怀爱意地养育它，提供它所需的任何补充资源和照料。它开始和我儿子一样每年都长得飞快——他的裤子上个月还非常合身，这个月裤脚就突然出现在脚踝以上了。他的树如今仍在向成年阶段过渡，虽然他本人已经成为法律意义上的成年人了。近二十年来，他一直是这棵树的照料者，而这棵树一直是他的老师，然而我们知道，这棵树还有很多东西要教给他和我们。

植物是自然界中一个至关重要但经常被忽视的组成部分，而前几章向您介绍了可以从它们身上学到的众多经验教训中的一些。从令人羡慕的宜人热带气候到看似不太理想的环境如沙漠、高山和极地地区，植物的生长几乎可以发生在任何类型的环境中。这种生境多样性证明了植物拥有令人印象深刻的能力，能够感知周围发生的事情，能够适应，还能改变自身以及它们所处的环境。

记住，从一开始，幼苗就不仅仅是在应对它在特定空间中
135 发现的任何东西。它必须学会适应自己的生态位，或者说环境。在生态学上，生态位代表某种生物与其生境（包括它周围的其他生物）之间的关系。然而，生态位不是固定的，通过“生态

位构建”过程，生物可以通过活动和选择来改变彼此的生态位。[1]这种主要为了自己并有益于（有时是有害于）其他生物的改变环境的过程就是转变性植物行为。

植物在其生活史中持续学习和适应，不断权衡每一笔能量预算。例如，抵御食草动物的伤害会减少其他活动（如扩展叶片或生长新分枝）可用的能量。植物必须决定是将资源分配给生长还是用来御敌。叶片正在被天蛾幼虫啃食的番茄植株使用能量制造抑制天蛾幼虫生长的化合物，但随后它用于生长和繁殖的能量就会变得有限。植物反应还可以通过与能量状态相关的线索进行调整。如果一株植物的光合作用能力因光照水平低而降低，那么它可能面临更大的被捕食风险，因为它没有用于
防御的足够能量。[2]正是通过对此类情况的研究，我们知道植物 136
在同时或依次暴露于多种线索时会做出复杂的反应。

这种感知、响应和适应贯穿植物的整个生活史，无论是最大限度地捕捉光照并将其转化为糖类，还是延长根部以获取养分。植物拥有改变环境的强大能力，以支持自身和其他生物的生长。其他生物既包括与它们共享空间和时间的个体，也包括尚未出现的后代。

植物会决定在什么时候将能量用于竞争和合作最有利，或者干脆结束生活史（例如在被长期遮蔽时加速开花）。它们知道环境何时不具备长期居住和成功生长所需的资源，还知道如何通过自身行为或者与其他生物的合作或互惠来改变环境。在受

扰动区域茁壮生长的先锋植物可以改变生态系统，令环境适宜其他植物的建植。它们成功地管理着变化，培养有利于下一波植物生长的条件。

经验教训不仅来自植物在自然界中的行为，还来自我们与它们的关系。当人类充当植物的照料者时，我们秉持一种成长
137 的视角。在照料我们的云杉树时，我们仔细观察以寻求线索，并询问它需要什么资源才能茁壮成长。我们跟踪它发出的信号，才能确定环境是否限制了它的繁荣。

植物教导我们如何培养健全的、感觉驱动的生活。它们使用传感器密切追踪周围环境中正在发生的事情，然后根据这些信息就如何安排能源预算、获取资源以及与邻居开展有益的互动做出明智的决策。我们可以将这些经验应用在我们自己的生活、指导和领导实践，以及我们作为更大社区一部分的互惠关系中。来自植物的经验为我们提供了另一种看待世界和存在于世界的方式，而且对于某些人来说，这是一种全然不同的指导和领导方式。

包括导师和领导者在内，很多人和他人打交道是为了进行自我定位，而不是通过个体的自理性发挥功能；他们在寻求肯定，而不是因为受到肯定所以才工作。[3] 这些人常常希望回答以

下重要问题：他们是谁，他们应该在哪里，以及他们应该追求什么目标和愿景。他们试图在生活、指导或领导的过程中获得 138
目标感和（或）外部认可，而不是从某个他们已经对谁、哪里和什么的问题有答案且让他们感觉有把握的地方参与进来。在成功地指导和领导他人之前，他们需要知道自己是谁以及自己提供什么。

在参与社区事务时，公民、导师和领导者常常表现出以自我为中心、自我肯定的视角，而不是旨在与他人互惠性地相互作用。以自我为中心的指导和领导以一种我称为“印记”（imprinting）的方式发挥作用，即训练另一个人遵循自己的行为或者群体的一般规范。[4] 在这种参与模式中，导师和领导者以外部认可为中心并促进文化适应；他们寻求的是别人对自己做出的选择的肯定，包括自己曾经走过的道路和追求过的个人目标。[5] 这种指导和领导方式很普遍，而且可以取得可识别的成功，然而，从寻求目标（而不是从已经确定的目标）的立场来看，这种做法的施展余地和影响都是有限的。这实际上是个人的、内部的追求，而不是更广阔的目标愿景。

我们需要不同的观点、过程和目标。我们必须设定“目标 139
愿景”和进度并向它们迈进，迈向我所说的适应环境的生活、指导或领导模式。就像植物一样，我们必须从我们的经验中学习，并改变那些不起作用的行为。这个过程始于批判性的自我评价和自我反思，以及坚持从特定的视角开展工作，秉持这种视角的人知道“who, where, what”这些问题的答案。只有当你这样做时，你才能有效地生活、指导和领导。出于多种原因，自我反思至关重要：它让你能够意识到自己的长处和短处，并阐明你的个人目标和抱负。有了这些知识，你就可以确定合适的生态位，以发挥你的优势并在你的弱势领域找到适当的发展机会。进步的导师和领导者将促进和示范保证时间进行积极自我反思的做法。[6]正是从产生这种意识（一种自我感）开始，你就可以进入提供关键生态位或机会的位置，设定或实现个人的目标愿景，并朝着清晰确定的目标努力。

植物拥有众多传感器，让它们能够监控周围发生的事情并
140 评估资源的可用性。然后，它们可以通过表型可塑性调整自身的生长和发育以适应外部环境，这让它们能够调整自己的反应。它们就如何配置资源做出战略决策，而且通过改变或增加资源可用性，启动拥有转变环境潜力的行为。

在人类组织中，有效的“传感器”在检测需要改变的领域、推动建设性行为和战略决策方面发挥着关键作用。这些人能够快速察觉环境因素（例如经济、技术或竞争因素）或社会文化因素（例如社会态度或政治意识形态）中的变化，确定可以进行干预的点，并帮助其他人实施这些干预措施。[7]

植物评估它们何时需要进行竞争，以及何时更谨慎地进行合作。为了做出此类决策，它们会权衡能量成本与改善生长和存续状况的收益。例如，虽然为了更好地获取阳光，植物通常

会试图长得比毗邻的其他植物更高，但如果邻居已经明显高得
多，这场竞赛很可能输掉的话，植物会抑制其竞争本能。也就
是说，植物只有在需要竞争以提高支持自身生长和繁殖的能力
而且存在一定的成功可能性时，才会开展竞争。一旦竞争产生 141
了需要的结果，它们就会停止竞争，并将自身能量转移到生
长与繁殖上。对于植物，竞争关乎生存，而不是追求胜利的
快感。

只有为了生存和发展时，追求竞争才是一项崇高的事业，理解这一点将使人类受益。此外，我们可以从植物中学到的最重要的一课是合作产生力量。我们必须摆脱对个人成功模式的过度依赖，转而明白当我们团结合作时，对环境（无论是办公室、大学、政府还是居住社区）的反应通常会有所改善。

在进行合作之前，植物会权衡成本和收益。它们评估在响
应环境线索和感知需求方面分担的成本是否会在生存和繁殖概
率增加方面获得足够的回报。是竞争还是合作的决策受亲属在
场的影响：许多研究表明，当邻居的亲缘关系紧密时，合作的
可能性更大。包括植物在内，很多生命都明白在有亲属的情况
下减少竞争或增加合作对整个物种的生存和繁荣具有重要意义。
人类对亲属的定义相对较为狭隘。除了我们的生物学亲属之外， 142
我们倾向于将那些我们认为具有共同价值观的人接纳为我们的
功能性亲属，这基于我们对共同民族、种族、性别或社会经济
地位的相当狭隘的定义。这种视角影响我们和谁成为亲密的朋

友，我们在社区和社群中和谁生活在一起，以及我们在社会环境中和谁交往。人类与背景相似的人交往，我将这种现象视为一种亲属关系形式，但其实还有一个更常用的概念，即同质性（homophily）。[8] 我认为是时候重新考虑我们的亲属概念了。担任领导者或指导者角色的人的一个关键目标应该是促进社区所有成员之间形成亲属关系。这样做对制定有利于整体而非特定个人的战略能量分配决策有帮助。进一步扩展这个概念，如果我们对亲属关系的理解，扩大到包括世界各地的所有人，那么无论是我们这个作为人类的物种还是我们这颗星球的健康和可持续发展，都将会得到助益。

生活在包含许多不同物种群落中的植物，往往比那些生活在多样性较低群落中的植物活得更好而且生产力更高。每个物种都占据特定生态位，具有独特的存在形式和模式，它们在一起可以更有效地利用光照、养分和其他资源。

143 在人类环境中，我们经常支持在特定位置上获取成功的单一路径，不愿向人们询问有关他们个人或职业发展的抱负和愿景的问题。除非我们开始接纳可能进入这些位置的个人的多样性——也就是每个人拥有的独特经验、天赋和技能，否则我们无法充分体验每个人被鼓励“开花”时各自独特“花朵”的财富。虽然每个人都可以在重视和促进多元化社区方面发挥作用，但职责属于身居高位的人。要想推动注重公平的方法，导师和领导者必须促进跨文化能力和推动文化意识实践。[9] 为此，他们自己必须拥有高水平的跨文化能力。[10] 但是我们如何去增进对跨文化的理解并促进包容性的成功文化呢？值得注意的是，服务于不同人群的进步环境通常拥有密切关注环境管理的社区成员和领导者，这种关注包括评估环境和识别阻碍，以及制订转型计划。感知和监控富有支持性的公平环境的创造和维护对于 144
社区组织、商业组织和学术组织都同样重要。[11]

为了促进多样性和公平，领导者最好记住来自多种栽培（将多个植物物种栽培在一起）的经验。“三姐妹”系统向我们展示了当个体以互惠方式提供他们的独特能力、优势和行为时，社区是如何受益的。人类以我们常常忽视的方式相互依存。如果我们想要更公平的成果，最好认识到当我们培养人们的多样化才能并促进他们之间的协调与合作时，每个人都会从中受益。

虽然采用其他成功路径肯定存在风险，但如果我们考虑植物提供给我们的经验教训，就会意识到忽视这些路径可能会带来更大的风险。未能实现其根本目的的植物——例如未能在其唯一的生长季开花的一年生植物——会错过开花和留下后代的机会。在这种情况下，机会的丧失会让单一个体蒙受损失，但该植物群落中的其他居民也会因为失去该植物对社区的贡献而面对变糟的处境。

当我们拒绝承担风险，不愿看到每个人能够提供的独特“花朵”时，我们对一味拥护经过验证的真实道路的痴迷可能会让我们付出沉重的代价。我们的社区因为创新、新思维模式和 145

各自的独特贡献而变得丰富多彩，然而，接纳这些贡献需要对创造力、创造性和创业型方法保持开放心态，尤其是在职业环境中。我们必须要做的不仅仅是鼓励这种开拓——我们必须认可并奖励它。

无论是植物还是人类，开拓者都必须具有韧性。植物有能力从自然灾害（如洪水、火灾和飓风）以及人为灾难（如切尔诺贝利的核辐射灾难）中恢复。然而，当我们支持这种韧性时，我们需要问一问，我们社区的结构、实践甚至是组织形式本身是否需要少数和边缘化群体比其他人更具韧性和毅力。[12] 我们必须考虑个人的环境历史以及它如何影响他们的表现及其成长和转变潜力。我们的体制有劣迹斑斑的历史，过去经常将来自少数派和边缘化群体的人排除在外，并一心推动以任务为导向而非以创造力为导向的活动。在这些情况下保持韧性和毅力需要耗费能量，因此，导师和领导者有责任消除这种导致不平等
146 能量需求的结构性障碍。这些障碍不同程度地影响着个人成功。虽然韧性是我们所有人都应该追求的品质，但我们也必须密切关注我们所处系统的公平性，并仔细观察哪些人需要具备韧性。领导者如果想要营造能为广泛的个人提供支持的环境，就要敏锐地意识到每个人如何与该环境互动，并鼓励在需要时推动变革行为。

只要按照我们照料植物的方式，就能很好地与他人互动。在大多数情况下，我们的出发点是期望植物拥有生长和繁荣的

能力，当植物表现不佳时，我们会询问有关环境健康的问题（植物是否拥有足够的光照，是否光照过多），或者质疑我们自己作为照料者的能力（我做错了什么）。我们并不会立即认为植物存在缺陷。

遗憾的是，在面对一个遇到困难的人时，我们通常会首先询问有关此人的问题，以及他们为什么不适合特定环境。这种反应是基于这样一种假设，即错误在于人而不是环境，这与我们从植物身上了解到的真实情况大相径庭。在自身其他方面都 147
相同的情况下，植物可能会因为外部环境的不同（是黑暗还是光明）产生截然不同的结果。要想评估某人的成功潜力，我们必须评估他们所处环境的消极和积极影响，然后我们将更好地了解需要做哪些调整或适应才能帮助那些正在挣扎的人。

在根据长期环境变化制订计划时，例如在考虑领导角色时，我们也可以充分利用从植物身上学到的经验教训。也许我们需要先驱者作为引领一系列变革的推动者。这些富有开拓精神的个人为后来出现且具有不同领导优势的领导者提供空间并改善资源的可用性。一种过于频繁的情况是，我们对领导力采取一刀切的态度，未能理解不同时期需要具有特定优势的领导者，尤其是在文化变革势在必行的时候。挑战之一是我们常常优先考虑长期存在而不是长期成果。先驱领导者在组织中的服务寿命可能很短。然而，如果他们在开放空间、建立新流程和改善资源可用性方面获得成功，这将为那些可能不那么有创新精神
148 的领导者拥有更长任期奠定基础。这些继任的长期领导者和随后迁入的一批批生态系统居民可能会继续开展将系统建设到位的重要工作，从而提供维持社区所需的稳定和可再生的资源。

这种前瞻性继任计划很重要，尤其是当一切看起来都很好时。做计划的时间应该提早而且要常常做。植物完成这种计划的方式是跟踪其个体和社群层面的成功并监测实现重要目标（如繁殖）的能量需求。它们遵循的计划让它们能够补充和战略性地分配能量。

人类也需要在当下发挥作用，并提前为继任做计划。战略继任计划要求领导者在当下恰当地领导，同时预测未来的需求和领导力的过渡。领导者应该敏捷地行动，在需要继任者之前就确定好人选，让后者可以为过渡做好准备。遗憾的是，领导者被选择或被提拔的目的往往是维持现状。在开始提倡感觉驱动的领导力之前，我们不会看到个人或社区充分发挥其潜力。

领导者应该在其环境中扮演“传感器”的角色，充当环境
149 管理人——他们应该是场地管理员，而不是看门人。[13] 这种进步的领导者向他人展示如何找到自己的生态位，如何评估环境对生长和行为的影响，如何应对和响应竞争，如何将能量分配给重要的努力，以及如何确定环境历史对社区成员的影响。明

智的领导者必须培养领导哲学和明确愿景，而不是向继任者传授战术上的领导技能。这种愿景是适应不断变化的环境所必需的，它还可以让领导者看到多元社区中的潜在合作和收益。这种方法与传统的看门人方法截然不同，在后者中，领导者通过谁可以在特定背景下发挥功能和茁壮成长的概念与假设来确定谁可以获取资源。[14] 而这种独特的领导形式是感觉驱动且适应环境的，它关注个体，与此同时照顾这些个体所在的生态系统。按照我们对植物茁壮生长所需条件的了解，我将这种领导形式称为场地管理。

在过去的几十年里，我从植物身上学到了如此之多的经验教训。我非常感激。我也渴望每个人都能过上感觉驱动的生活。植物向我们展示了如何做到这一点。我们所需要做的就是集中注意力。

花点时间看看你周围吧。视线之内的某处肯定有一株植物。150
根据一年当中的不同时间或者你在地球上的位置，你可能会看到种子发芽、花朵盛开，或者映衬在天空下色彩鲜艳的秋叶。所有这些行为——发芽、开花和变色——向我们展示了植物如何与自身及其环境协调一致，如从它们在这个世界上静止又动态的位置上适应环境并支持其他植物。

# 注 释

## 前 言

153 题 词: Robin Wall Kimmerer, *Braiding Sweetgrass: Indigenous Wisdom, Scientific Knowledge and the Teachings of Plants* (Minneapolis, MN: Milkweed Editions, 2013), 9.

1. 这里的讨论侧重于通过种子繁殖的植物。然而，有些植物通过孢子繁殖，例如蕨类植物和一些苔藓，而另一些植物则通过茎、根状茎（地下的茎）、鳞茎或块茎的营养再生进行无性繁殖或克隆繁殖; Simon Lei, "Benefits and Costs of Vegetative and Sexual Reproduction in Perennial Plants: A Review of Literature," *Journal of the Arizona-Nevada Academy of Science* 42 (2010): 9–14。

2. James H. Wandersee and Elisabeth E. Schussler, "Preventing Plant Blindness," *American Biology Teacher* 61, no. 2 (1999): 82–86; James H. Wandersee and Elisabeth E. Schussler, "Toward a Theory of Plant Blindness," *Plant Science Bulletin* 17 (2001): 2–9.

3. Sami Schalk, "Metaphorically Speaking: Ableist Metaphors in Feminist Writing," *Disability Studies Quarterly* 33, no. 4 (2013): 3874. 154

4. Mung Balding and Kathryn J. H. Williams, "Plant Blindness and the Implications for Plant Conservation," *Conservation Biology* 30 (2016): 1192.

5. Balding and Williams, "Plant Blindness"; Caitlin McDonough MacKenzie, Sara Kuebbing, Rebecca S. Barak et al., "We Do Not Want to 'Cure Plant Blindness' We Want to Grow Plant Love," *Plants, People, Planet* 1, no. 3 (2019): 139–141. Balding 和 Williams 认为"植物盲"这种说法是针对植物的"偏见"。他们的讨论启发了我使用"植物偏见"这个词，并让我提出减少植物偏见会带来植物意识的提高。

6. 这种弯曲现象被称为向光性，曾记载于达尔文的植物相关专著中：Charles Darwin, *The Power of Movement in Plants* (London: John Murray, 1880), 449。向光性由植物生长素控制，并且已经得到很长时间的实验研究，包括 Briggs 及其同事相对较早的工作：Winslow R. Briggs, Richard D. Tocher and James F. Wilson, "Phototropic Auxin Redistribution in Corn Coleoptiles," *Science* 126, no. 3266 (1957): 210–212。

7. Edward J. Primka and William K. Smith, "Synchrony in Fall Leaf Drop: Chlorophyll Degradation, Color Change and Abscission Layer Formation in Three Temperate Deciduous Tree Species," *American Journal of Botany* 106, no. 3 (2019): 377–388.

8. Fernando Valladares, Ernesto Gianoli, and José M. Gómez, "Ecological Limits to Plant Phenotypic Plasticity," *New Phytologist* 176 (2007): 749–763.

155 9. 环境信号被细胞内的传感器感知并在内部传递的过程称为信号传导；见 Abdul Razaque Memon and Camil Durakovic, “Signal Perception and Transduction in Plants,” *Periodicals of Engineering and Natural Sciences* 2, no. 2 (2014): 15–29; Harry B. Smith, “Constructing Signal Transduction Pathways in *Arabidopsis*,” *Plant Cell* 11 (1999): 299–301。

10. Sean S. Duffey and Michael J. Stout, “Antinutritive and Toxic Components of Plant Defense against Insects,” *Archives of Insect Biochemistry and Physiology* 32 (1996): 3–37.

11. David C. Baulcombe and Caroline Dean, “Epigenetic Regulation in Plant Responses to the Environment,” *Cold Spring Harbor Perspectives in Biology* 6 (2014): a019471; Paul F. Gugger, Sorel Fitz-Gibbon, Matteo Pellegrini and Victoria L. Sork, “Species-wide Patterns of DNA Methylation Variation in *Quercus lobata* and Their Association with Climate Gradients,” *Molecular Ecology* 25, no. 8 (2016): 1665–1680; Sonia E. Sultan, “Developmental Plasticity: Re-conceiving the Genotype,” *Inter- face Focus* 7, no. 5 (2017): 20170009.

12. 人们认为追踪阳光的植物会通过旋转叶片和花朵来追随太阳，从而
156 最大限度地暴露在阳光照射下或吸引授粉者光顾。见 M. P. M. Dicker, J. M. Rossiter, I. P. Bond and P. M. Weaver, “Biomimetic Photo-actuation: Sensing, Control and Actuation in Sun Tracking Plants,” *Bioinspiration & Biomimetics* 9 (2014): 036015; Hagop S. Atamian, Nicky M. Creux, Evan A. Brown et al., “Circadian Regulation of Sunflower Heliotropism, Floral Orientation and Pollinator Visits,” *Science* 353, no. 6299 (2016): 587–590; Joshua P. Vandenbrink, Evan A. Brown, Stacey L. Harmer and Benjamin K. Blackman, “Turning Heads: The Biology of Solar Tracking in Sunflower,” *Plant Science* 224 (2014): 20–26。

13. Angela Hodge, "Root Decisions," *Plant, Cell & Environment* 32, no. 6 (2009): 628–640; Efrat Dener, Alex Kacelnik and Hagai Shemesh, "Pea Plants Show Risk Sensitivity," *Current Biology* 26, no. 12 (2016): 1–5.

14. Jason D. Fridley, "Plant Energetics and the Synthesis of Population and Ecosystem Ecology," *Journal of Ecology* 105 (2017): 95–110.

15. Monica Gagliano, Michael Renton, Martial Depczynski and Stefano Mancuso, "Experience Teaches Plants to Learn Faster and Forget Slower in Environments Where It Matters," *Oecologia* 175, no. 1 (2014): 63–72; Monica Gagliano, Charles I. Abramson and Martial Depczynski, "Plants Learn and Remember: Lets Get Used to It," *Oecologia* 186, no. 1 (2018): 29–31.

16. Michael Marder, "Plant Intentionality and the Phenomenological Framework of Plant Intelligence," *Plant Signaling & Behavior* 7, no. 11 (2012): 1365–1372.

17. Marder, "Plant Intentionality."

18. 对这种观点的支持者，见 Stefano Mancuso and Alessandra Viola, 157
*Brilliant Green: The Surprising History and Science of Plant Intelligence* (Washington, DC: Island Press, 2015); Paco Calvo, Monica Gagliano, Gustavo M. Souza and Anthony Trewavas, "Plants Are Intelligent, Here's How," *Annals of Botany* 125, no. 1 (2020): 11–28。对这种观点的批评者，见 Richard Firn, "Plant Intelligence: An Alternative Point of View," *Annals of Botany* 93, no.4 (2004): 345–351; Daniel Kolitz, "Are Plants Conscious?" *Gizmodo,* May 28, 2018, https:// gizmodo.com/areplants-conscious-1826365668; Denyse O'Leary, "Scientists: Plants Are NOT Conscious!" *Mind Matters,* July 8, 2019, https://

mindmatters.ai/2019/07 /scientists-plants-are-not-conscious/。不可知论者，见 Daniel A. Chamowitz, “Plants Are Intelligent—Now What,” *Nature Plants* 4 (2018): 622–623。对于这场争论的综述，见 Ephrat Livni, “A Debate over Plant Consciousness Is Forcing Us to Confront the Limitations of the Human Mind,” *Quartz,* June 3, 2018, https://qz.com/1294941/a-debate-over-plant-consciousness-isforcing-us-to-confront-the-limitations-of-the-human-mind/。

19. Irwin N. Forseth and Anne F. Innis, “Kudzu (*Pueraria montana*): History, Physiology and Ecology Combine to Make a Major Ecosystem Threat,” *Critical Reviews in Plant Sciences* 23, no. 5 (2004): 401–413.

## 1 不断变化的环境

题词: Barbara McClintock, quoted in Evelyn Fox Keller, *A Feeling for the Organism*: *The Life and Work of Barbara McClintock* (New York: W. H. Freeman, 1983), 199–200.

158 1. Tomoko Shinomura, “Phytochrome Regulation of Seed Germination,” *Journal of Plant Research* 110 (1997): 151–161.

2. Ludwik W. Bielczynski, Gert Schansker and Roberta Croce, “Effect of Light Acclimation on the Organization of Photosystem II Super- and Sub-Complexes in *Arabidopsis thaliana,*” *Frontiers in Plant Science* 7 (2016): 105; N. Friedland, S. Negi, T. Vinogradova-Shah et al., “Fine-tuning the Photosynthetic Light Harvesting Apparatus for Improved Photosynthetic Efficiency and Biomass Yield,” *Scientific Reports* 9 (2019): 13028; Norman P. A. Huner, Gunnar Öquist and Anastasios

Melis, "Photostasis in Plants, Green Algae and Cyanobacteria: The Role of Light Harvesting Antenna Complexes," in *Light Harvesting Antennas in Photosynthesis,* ed. Beverley Green and William W. Parson (Dordrecht: Springer Netherlands, 2003), 401–421; Beronda L. Montgomery, "Seeing New Light: Recent Insights into the Occurrence and Regulation of Chromatic Acclimation in Cyanobacteria," *Current Opinion in Plant Biology* 37 (2017): 18–23.

3. Tegan Armarego-Marriott, Omar Sandoval Ibañez and Łucja Kowalewska, "Beyond the Darkness: Recent Lessons from Etiolation and De-etiolation Studies," *Journal of Experimental* Botany 71, no 4 (2020): 1215–1225.

4. Beronda L. Montgomery, "Spatiotemporal Phytochrome Signaling during Photomorphogenesis: From Physiology to Molecular Mechanisms and Back," *Frontiers in Plant Science* 7 (2016): 480; Sookyung Oh, 159
Sank- alpi N. Warnasooriya and Beronda L. Montgomery, "Downstream Effectors of Light and Phytochrome Dependent Regulation of Hypocotyl Elongation in *Arabidopsis Thaliana," Plant Molecular Biology* 81, no. 6 (2013): 627–640; Sankalpi N. Warnasooriya and Beronda L. Montgomery, "Spatial-Specific Regulation of Root Development by Phytochromes in *Arabidopsis thaliana," Plant Signaling & Behavior* 6, no. 12 (2011): 2047–2050.

5. Oh et al., "Downstream Effectors"; Warnasooriya and Montgomery, "Spatial-Specific Regulation."

6. Ariel Novoplansky, "Developmental Plasticity in Plants: Implications of Non-cognitive Behavior," *Evolutionary Ecology* 16, no. 3 (2002): 177–188, 183; Christine M. Palmer, Susan M. Bush and Julin N. Maloof,

"Phenotypic and Developmental Plasticity in Plants," *eLS,* Wiley Online Library, posted June 15, 2012, doi:10.1002 / 9780470015902.a0002092. pub2.

7. Montgomery, "Spatiotemporal Phytochrome Signaling."

8. Novoplansky, "Developmental Plasticity in Plants"; Stephen C. Stearns, "The Evolutionary Significance of Phenotypic Plasticity: Phenotypic Sources of Variation among Organisms Can Be Described by Developmental Switches and Reaction Norms," *BioScience* 39, no. 7 (1989): 436–445; Palmer et al., "Phenotypic and Developmental Plasticity in Plants."

9. Novoplansky, "Developmental Plasticity in Plants," 179–180.

160 10. 然而，在长期胁迫下调节产量和结实的能力是有限的。M. W. Adams, "Basis of Yield Component Compensation in Crop Plants with Special Reference to the Field Bean, *Phaseolus Vulgaris,*" *Crop Science* 7, no. 5 (1967): 505–510.

11. Maaike De Jong and Ottoline Leyser, "Developmental Plasticity in Plants," in *Cold Spring Harbor Symposia on Quantitative Biology,* vol. 77 (Cold Spring Harbor, NY: Cold Spring Harbor Laboratory Press, 2012), 63–73; Stearns, "The Evolutionary Significance of Phenotypic Plasticity."

12. Kerry L. Metlen, Erik T. Aschehoug and Ragan M. Callaway, "Plant Behavioural Ecology: Dynamic Plasticity in Secondary Metabolites," *Plant, Cell & Environment* 32 (2009): 641–653.

13. Tânia Sousa, Tiago Domingos, J.C. Poggiale and S. A. L. M. Kooijman, "Dynamic Energy Budget Theory Restores Coherence in Biology,"

*Philosophical Transactions of the Royal Society B* 365, no. 1557 (2010): 3413–3428.

14. Fritz Geiser, “Conserving Energy during Hibernation,” *Journal of Experimental Biology* 219 (2016): 2086–2087.

15. 植物在整个生活史中改变形态的能力是肉眼可观察到的生长反应，这一点与包括人类在内的哺乳动物最为不同。Ottoline Leyser, “The Control of Shoot Branching: An Example of Plant Information Processing,” *Plant, Cell & Environment,* 32, no. 6 (2009): 694–703; Metlen et al., “Plant Behavioural Ecology”; Anthony Trewavas, “What Is Plant Behaviour?” *Plant, Cell & Environment* 32 (2009): 606–616.

16. Carl D. Schlichting, “The Evolution of Phenotypic Plasticity in Plants,” 161
*Annual Review of Ecology and Systematics* 17, no. 1 (1986): 667–693; Fernando Valladares, Ernesto Gianoli and José M. Gómez, “Ecological Limits to Plant Phenotypic Plasticity,” *New Phytologist* 176 (2007): 749–763.

17. 叶柄将叶片向上重新定位的运动被称为偏下性生长（hyponasty），而叶片的向下运动被称为偏上性生长（epinasty）；这些过程受植物激素如乙烯和生长素的调控；Jae Young Kim, Young-Joon Park, June-Hee Lee and Chung-Mo Park, “Developmental Polarity Shapes Thermo-Induced Nastic Movements in Plants,” *Plant Signaling & Behavior* 14, no. 8 (2019): 1617609。

18. Sarah Courbier and Ronald Pierik, “Canopy Light Quality Modulates Stress Responses in Plants,” *iScience* 22 (2019): 441–452; Diederik H. Keuskamp, Rashmi Sasidharan and Ronald Pierik, “Physiological Regulation and Functional Significance of Shade Avoidance Responses to

Neighbors," *Plant Signaling & Behavior* 5, no. 6 (2010): 655662; Hans de Kroon, Eric J. W. Visser, Heidrun Huber et al., "A Modular Concept of Plant Foraging Behaviour: The Interplay between Local Responses and Systemic Control," *Plant, Cell & Environment* 32, no. 6 (2009): 704–712.

19. 依赖光照的偏下性生长与依赖温度的偏下性生长类似，是由细胞膨胀压的变化或植物器官表面生长速度的差异驱动的，在第二种情况下，由包括乙烯（尤其是对于叶柄）和生长素在内的激素作
162 为媒介实现；Joanna K. Polko, Laurentius A. C. J. Voesenek, Anton J. M. Peeters and Ronald Pierik, "Petiole Hyponasty: An Ethylene-Driven, Adaptive Response to Changes in the Environment," *AoB Plants* 2011 (2011): plr031。

20. 在主枝或优势枝存在的情况下，侧枝的萌发和生长被抑制的现象被称为顶端优势，这是植物体内由激素调节的过程；Leyser, "The Control of Shoot Branching," 695; Francois F. Barbier, Elizabeth A. Dun and Christine A. Beveridge, "Apical Dominance," *Current Biology* 27 (2017): R864–R865。

21. David C. Baulcombe and Caroline Dean, "Epigenetic Regulation in Plant Responses to the Environment," *Cold Spring Harbor Perspectives in Biology* 6 (2014): a019471; Sonia E. Sultan, "Developmental Plasticity: Re-Conceiving the Genotype," *Interface Focus* 7, no. 5 (2017): 20170009.

22. Paul F. Gugger, Sorel Fitz-Gibbon, Matteo Pellegrini and Victoria L. Sork, "Species-Wide Patterns of DNA Methylation Variation in *Quercus Lobata* and Their Association with Climate Gradients," *Molecular*

*Ecology* 25, no. 8 (2016): 1665–1680.

23. Quinn M. Sorenson and Ellen I. Damschen, "The Mechanisms Affecting Seedling Establishment in Restored Savanna Understories Are Seasonally Dependent," *Journal of Applied Ecology* 56, no. 5 (2019): 1140–1151.

24. Angela Hodge, "Plastic Plants and Patchy Soils," *Journal of Experimental Botany* 57, no. 2 (2006): 401–411.

25. Angela Hodge, David Robinson and Alastair Fitter, "Are Microorganisms 163
More Effective than Plants at Competing for Nitrogen?" *Trends in Plant Science* 5, no. 7 (2000): 304–308; Ronald Pierik, Liesje Mommer and Laurentius A. C. J. Voesenek, "Molecular Mechanisms of Plant Competition: Neighbour Detection and Response Strategies," *Functional Ecology* 27, no. 4 (2013): 841–853.

26. Sultan, "Developmental Plasticity," 3; Brian G. Forde and Pia Walch-Liu, "Nitrate and Glutamate as Environmental Cues for Behavioural Responses in Plant Roots," *Plant, Cell & Environment,* 32, no. 6 (2009): 682–693.

27. Hagai Shemesh, Ran Rosen, Gil Eshel, Ariel Novoplansky and Ofer Ovadia, "The Effect of Steepness of Temporal Resource Gradients on Spatial Root Allocation," *Plant Signaling & Behavior* 6, no. 9 (2011): 1356–1360.

28. Jocelyn E. Malamy and Katherine S. Ryan, "Environmental Regulation of Lateral Root Initiation in *Arabidopsis,*" *Plant Physiology* 127, no. 3 (2001): 899; Hidehiro Fukaki and Masao Tasaka, "Hormone Interactions during Lateral Root Formation," *Plant Molecular Biology* 69, no. 4 (2009): 437–449.

29. Xucan Jia, Peng Liu and Jonathan P. Lynch, "Greater Lateral Root Branching Density in Maize Improves Phosphorus Acquisition for Low Phosphorus Soil," *Journal of Experimental Botany* 69, no. 20 (2018): 4961–4970; Angela Hodge, "Root Decisions," *Plant, Cell & Environment*
164 32 (2009): 628–640; Angela Hodge, "The Plastic Plant: Root Responses to Heterogeneous Supplies of Nutrients," *New Phytologist* 162 (2004): 9–24.

30. Xue-Yan Liu, Keisuke Koba, Akiko Makabe and Cong-Qiang Liu, "Nitrate Dynamics in Natural Plants: Insights Based on the Concentration and Natural Isotope Abundances of Tissue Nitrate," *Frontiers in Plant Science* 5 (2014): 355; Leyser, "The Control of Shoot Branching," 699.

31. Hagai Shemesh, Adi Arbiv, Mordechai Gersani, Ofer Ovadia and Ariel Novoplansky, "The Effects of Nutrient Dynamics on Root Patch Choice," *PLOS One* 5, no. 5 (2010): e10824; M. Gersani, Z. Abramsky and O. Falik, "Density-Dependent Habitat Selection in Plants," *Evolutionary Ecology* 12, no. 2 (1998): 223–234; Jia, Liu and Lynch, "Greater Lateral Root Branching Density in Maize."

32. Beronda L. Montgomery, "Processing and Proceeding," Beronda L. Montgomery website, May 3, 2020, http://www.berondamontgomery.com/writing /processing-and-proceeding/.

## 2 是敌是友

题词: Masaru Emoto, *The Hidden Messages in Water,* trans. David A. Thayne (Hillsboro, OR: Beyond Words Publishing, 2004), 46.

1. Patricia Hornitschek, Séverine Lorrain, Vincent Zoete et al., "Inhibition of the Shade Avoidance Response by Formation of Non-DNA Binding bHLH Heterodimers," *EMBO Journal* 28, no. 24 (2009): 3893–3902; Ronald Pierik, Liesje Mommer and Laurentius A. C. J. Voesenek, "Molecular Mechanisms of Plant Competition: Neighbour Detection and Response Strategies," *Functional Ecology* 27, no. 4 (2013): 841–853; Céline Sorin, Mercè Salla-Martret, Jordi Bou-Torrent et al., "ATHB4, a Regulator of Shade Avoidance, Modulates Hormone Response in *Arabidopsis* Seedlings," *Plant Journal* 59, no. 2 (2009): 266–277. 165

2. Adrian G. Dyer, "The Mysterious Cognitive Abilities of Bees: Why Models of Visual Processing Need to Consider Experience and Individual Differences in Animal Performance," *Journal of Experimental Biology* 215, no. 3 (2012): 387–395.

3. Richard Karban and John L. Orrock, "A Judgment and Decision-Making Model for Plant Behavior," *Ecology* 99, no. 9 (2018): 1909–1919; Dimitrios Michmizos and Zoe Hilioti, "A Roadmap towards a Functional Paradigm for Learning and Memory in Plants," *Journal of Plant Physiology* 232 (2019): 209–215.

4. Mieke de Wit, Wouter Kegge, Jochem B. Evers et al., "Plant Neighbor Detection through Touching Leaf Tips Precedes Phytochrome Signals," *Proceedings of the National Academy of Sciences of the United States of America* 109, no. 36 (2012): 14705–14710.

5. Monica Gagliano, "Seeing Green: The Rediscovery of Plants and Nature's Wisdom," *Societies* 3, no. 1 (2013): 147–157.

6. Richard Karban and Kaori Shiojiri, "Self-Recognition Affects Plant 166

Communication and Defense," *Ecology Letters* 12, no. 6 (2009): 502–506; Richard Karban, Kaori Shiojiri, Satomi Ishizaki et al., "Kin Recognition Affects Plant Communication and Defence," *Proceedings of the Royal Society B* 280 (2013): 20123062.

7. Amitabha Das, Sook-Hee Lee, Tae Kyung Hyun et al., "Plant Volatiles as Method of Communication," *Plant Biotechnology Reports* 7, no. 1 (2013): 9–26.

8. Donald F. Cipollini and Jack C. Schultz, "Exploring Cost Constraints on Stem Elongation in Plants Using Phenotypic Manipulation," *American Naturalist* 153, no. 2 (1999): 236–242.

9. Jonathan P. Lynch, "Root Phenes for Enhanced Soil Exploration and Phosphorus Acquisition: Tools for Future Crops," *Plant Physiology* 156, no. 3 (2011): 1041–1049.

10. Ariel Novoplansky, "Picking Battles Wisely: Plant Behaviour under Competition," *Plant, Cell and Environment* 32, no. 6 (2009): 726–741.

11. Michal Gruntman, Dorothee Groß, Matria Májeková and Katja Tielbörger, "Decision Making in Plants under Competition," *Nature Communications* 8 (2017): 2235.

12. 植物被遮蔽时发生的能量分配变化涉及很多激素，其中包括生长素和细胞分裂素，前者促成差异性生长，后者阻止叶片发育以释放能量资源用于茎和叶柄的生长。乙烯和芸薹类固醇（brassinosteroids）可促进荫蔽条件下某些植物的叶柄伸长，而脱
167 落酸则抑制分枝。见 Diederik H. Keuskamp, Rashmi Sasidharan and Ronald Pierik, "Physiological Regulation and Functional Significance of Shade Avoidance Responses to Neighbors," *Plant Signaling & Behavior*

5, no. 6 (2010): 655–662; Pierik et al., "Molecular Mechanisms of Plant Competition"; Chuanwei Yang and Lin Li, "Hormonal Regulation in Shade Avoidance," *Frontiers in Plant Science* 8 (2017): 1527。

13. Irma Roig-Villanova and Jaime Martínez-García, "Plant Responses to Vegetation Proximity: A Whole Life Avoiding Shade," *Frontiers in Plant Science* 7 (2016): 236; Kasper van Gelderen, Chiakai Kang, Richard Paalman et al., "Far-Red Light Detection in the Shoot Regulates Lateral Root Development through the HY5 Transcription Factor," *Plant Cell* 30, no. 1 (2018): 101–116.

14. Jelmer Weijschedé, Jana Martínková, Hans de Kroon and Heidrun Huber, "Shade Avoidance in *Trifolium Repens*: Costs and Benefits of Plasticity in Petiole Length and Leaf Size," *New Phytologist* 172 (2006): 655–666.

15. M. Franco, "The Influence of Neighbours on the Growth of Modular Organisms with an Example from Trees," *Philosophical Transactions of the Royal Society of London. B, Biological Sciences* 313, no. 1159 (1986): 209–225.

16. Andreas Möglich, Xiaojing Yang, Rebecca A. Ayers and Keith Moffat, "Structure and Function of Plant Photoreceptors," *Annual Review of Plant Biology* 61 (2010): 21–47; Inyup Paik and Enamul Huq, "Plant 168
Photoreceptors: Multifunctional Sensory Proteins and Their Signaling Networks," *Seminars in Cell & Developmental Biology* 92 (2019): 114–121.

17. Gruntman et al., "Decision-Making." 参与这个过程的植物激素包括生长素、赤霉素和乙烯——后者以其在香蕉和苹果催熟中的作用而闻名，见 Lin Ma and Gang Li, "Auxin-Dependent Cell Elongation

during the Shade Avoidance Response," *Frontiers in Plant Science* 10(2019):914 and Ronald Pierik, Eric J.W. Visser, Hans de Kroon and Laurentius A. C. J. Voesenek, "Ethylene is Required in Tobacco to Successfully Compete with Proximate Neighbours," *Plant, Cell & Environment* 26, no. 8 (2003): 1229–1234。

18. 虽然存在一种普遍接受的假设，认为亲属之间的利他行为是为了提高传递自身基因的可能性，但是在背后驱动亲属选择的应该是传递特定基因（称为生存基因或利他基因）的可能性更大，而不是为了传递包含许多生存中性基因在内的大量基因流；Justin H. Park, "Persistent Misunderstandings of Inclusive Fitness and Kin Selection: Their Ubiquitous Appearance in Social Psychology Textbooks," *Evolutionary Psychology* 5, no. 4 (2007): 860–873。

19. Guillermo P. Murphy and Susan A. Dudley, "Kin Recognition: Competition and Cooperation in *Impatiens* (Balsaminaceae)," *American Journal of Botany* 96, no. 11 (2009): 1990–1996.

169 20. María A. Crepy and Jorge J. Casal, "Photoreceptor-Mediated Kin Recognition in Plants," *New Phytologist* 205, no. 1 (2015): 329–338; Murphy and Dudley, "Kin Recognition."

21. Heather Fish, Victor J. Lieffers, Uldis Silins and Ronald J. Hall, "Crown Shyness in Lodgepole Pine Stands of Varying Stand Height, Density, and Site Index in the Upper Foothills of Alberta," *Canadian Journal of Forest Research* 36, no. 9 (2006): 2104–2111; Francis E. Putz, Geoffrey G. Parker and Ruth M. Archibald, "Mechanical Abrasion and Intercrown Spacing," *American Midland Naturalist* 112, no. 1 (1984): 24–28.

22. Franco, "The Influence of Neighbours on the Growth of Modular

Organisms"; Alan J. Rebertus, "Crown Shyness in a Tropical Cloud Forest," *Biotropica* vol. 20, no. 4 (1988): 338–339.

23. Tomáš Herben and Ariel Novoplansky, "Fight or Flight: Plastic Behavior under Self-Generated Heterogeneity," *Evolutionary Ecology* 24, no. 6 (2010): 1521–1536.

24. Mieke de Wit, Gavin M. George, Yetkin Çaka Ince et al., "Changes in Resource Partitioning Between and Within Organs Support Growth Adjustment to Neighbor Proximity in *Brassicaceae* Seedlings," *Proceedings of the National Academy of Sciences of the United States of America* 115, no. 42 (2018): E9953–E9961; Charlotte M. M. Gommers, 170
Sara Buti, Danuše Tarkowská et al., "Organ-Specific Phytohormone Synthesis in Two *Geranium* Species with Antithetical Responses to Far-red Light Enrichment," *Plant Direct* 2 (2018): 1–12; Yang and Li, "Hormonal Regulation in Shade Avoidance."

25. S. Mathur, L. Jain and A. Jajoo, "Photosynthetic Efficiency in Sun and Shade Plants," *Photosynthetica* 56, no. 1 (2018): 354–365.

26. Crepy and Casal, "Photoreceptor-Mediated Kin Recognition"; Gruntman et al., "Decision Making."

27. Robert Axelrod and William D. Hamilton, "The Evolution of Cooperation," *Science* 211, no. 4489 (1981): 1390–1396.

28. Joseph M. Craine and Ray Dybzinski, "Mechanisms of Plant Competition for Nutrients, Water and Light," *Functional Ecology* 27, no. 4 (2013): 833–840; M. Gersani, Z. Abramsky and O. Falik, "Density Dependent Habitat Selection in Plants," *Evolutionary Ecology* 12, no. 2 (1998): 223–234.

29. H. Marschner and V. Römheld, “Strategies of Plants for Acquisition of Iron,” *Plant and Soil* 165, no. 2 (1994): 261–274; Ricardo F. H. Giehl and Nicolaus von Wirén, “Root Nutrient Foraging,” *Plant Physiology* 166, no. 2 (2014): 509–517; Daniel P. Schachtman, Robert J. Reid and Sarah M. Ayling, “Phosphorus Uptake by Plants: From Soil to Cell,” *Plant Physiology* 116, no. 2 (1998): 447–453.

30. Felix D. Dakora and Donald A. Phillips, “Root Exudates as Mediators of Mineral Acquisition in Low-nutrient Environments,” *Plant and Soil*
171 245 (2002): 35–47; Jordan Vacheron, Guilhem Desbrosses, Marie Lara Bouffaud et al., “Plant Growth-promoting Rhizo Bacteria and Root System Functioning,” *Frontiers in Plant Science* 4 (2013): 356.

31. H. Jochen Schenk, “Root Competition: Beyond Resource Depletion,” *Journal of Ecology* 94, no. 4 (2006): 725–739.

32. Susan A. Dudley and Amanda L. File, “Kin Recognition in an Annual Plant,” *Biology Letters* 3, no. 4 (2007): 435–438. 这种反应常常与受“输入匹配规则”影响的竞争有关，该规则指出可用资源或能量的输入数量影响行为，而行为可以根据亲属或非亲属竞争者的存在进行调整；见 Geoffrey A. Parker, “Searching for Mates,” in *Behavioural Ecology: An Evolutionary Approach,* ed. John R. Krebs and Nicholas B. Davies (Oxford: Blackwell Scientific, 1978), 214–244。

33. Meredith L. Biedrzycki, Tafari A. Jilany, Susan A. Dudley and Harsh P. Bais, “Root Exudates Mediate Kin Recognition in Plants,” *Communicative and Integrative Biology* 3, no. 1 (2010): 28–35.

34. Richard Karban, Louie H. Yang and Kyle F. Edwards, “Volatile Communication between Plants that Affects Herbivory: A Meta-Analysis,”

*Ecology Letters* 17, no. 1 (2014): 44–52.

35. Justin B. Runyon, Mark C. Mescher and Consuelo M. De Moraes, "Volatile Chemical Cues Guide Host Location and Host Selection by Parasitic Plants," *Science* 313, no. 5795 (2006): 1964–1967.

36. Kathleen L. Farquharson, "A Sesquiterpene Distress Signal Transmitted by Maize," *Plant Cell* 20, no. 2 (2008): 244; Pierik et al., "Molecular 172
Mechanisms of Plant Competition," 844.

37. Robin Wall Kimmerer, *Braiding Sweetgrass: Indigenous Wisdom, Scientific Knowledge and the Teachings of Plants* (Minneapolis, MN: Milkweed Editions, 2015), 133; Janet I. Sprent, "Global Distribution of Legumes," in *Legume Nodulation: A Global Perspective* (Oxford: Wiley-Blackwell, 2009), 35–50; Jungwook Yang, Joseph W. Kloepper and Choong-Min Ryu, "Rhizosphere Bacteria Help Plants Tolerate Abiotic Stress," *Trends in Plant Science* 14, no. 1 (2009): 1–4; Sally E. Smith and David Read, "Introduction," in *Mycorrhizal Symbiosis,* 3rd ed. (London: Academic Press, 2008), 1–9.

38. Yina Jiang, Wanxiao Wang, Qiujin Xie et al., "Plants Transfer Lipids to Sustain Colonization by Mutualistic Mycorrhizal and Parasitic Fungi," *Science* 356, no. 6343 (2017): 1172–1175; Andreas Keymer, Priya Pimprikar, Vera Wewer et al., "Lipid Transfer From Plants to Arbuscular Mycorrhiza Fungi," *eLIFE* 6 (2017): e29107; Leonie H. Luginbuehl, Guillaume N. Menard, Smita Kurup et al., "Fatty Acids in Arbuscular Mycorrhizal Fungi Are Synthesized by the Host Plant," *Science* 356, no. 6343 (2017): 1175–1178; Tamir Klein, Rolf T. W. Siegwolf and Christian Körner, "Belowground Carbon Trade among Tall Trees in a Temperate

Forest," *Science* 352, no. 6283 (2016): 342–344.

39. Mathilde Malbreil, Emilie Tisserant, Francis Martin and Christophe Roux, "Genomics of Arbuscular Mycorrhizal Fungi: Out of the Shadows," *Advances in Botanical Research* 70 (2014): 259–290.

173 40. Zdenka Babikova, Lucy Gilbert, Toby J. A. Bruce et al., "Underground Signals Carried through Common Mycelial Networks Warn Neighbouring Plants of Aphid Attack," *Ecology Letters* 16, no. 7 (2013): 835–843.

41. Amanda L. File, John Klironomos, Hafiz Maherali and Susan A. Dudley, "Plant Kin Recognition Enhances Abundance of Symbiotic Microbial Partner," *PLOS One* 7, no. 9 (2012): e45648.

42. Angela Hodge, "Root Decisions," *Plant, Cell & Environment* 32 (2009): 628–640.

43. Tereza Konvalinková and Jan Jansa, "Lights Off for Arbuscular Mycorrhiza: On Its Symbiotic Functioning under Light Deprivation," *Frontiers in Plant Science* 7 (2016): 782.

44. Abeer Hashem, Elsayed F. Abd_Allah, Abdulaziz A. Alqarawi et al., "The Interaction between Arbuscular Mycorrhizal Fungi and Endophytic Bacteria Enhances Plant Growth of *Acacia Gerrardii* under Salt Stress," *Frontiers in Microbiology* 7 (2016): 1089.

45. Pedro M. Antunes, Amarilis De Varennes, Istvan Rajcan and Michael J. Goss, "Accumulation of Specific Flavonoids in Soybean (*Glycine max* (L.) Merr.) as a Function of the Early Tripartite Symbiosis with Arbuscular Mycorrhizal Fungi and *Bradyrhizobium Japonicum* (Kirchner) Jordan," *Soil Biology and Biochemistry* 38, no. 6 (2006): 1234–1242;
174 Sajid Mahmood Nadeem, Maqshoof Ahmad, Zahir Ahmad Zahir et al.,

"The Role of Mycorrhizae and Plant Growth Promoting Rhizobacteria (PGPR) in Improving Crop Productivity under Stressful Environments," *Biotechnology Advances* 32, no. 2 (2014): 429–448.

46. 对个人成功模式的描述见 Joseph A. Whittaker and Beronda L. Montgomery, "Cultivating Diversity and Competency in STEM: Challenges and Remedies for Removing Virtual Barriers to Constructing Diverse Higher Education Communities of Success," *Journal of Undergraduate Neuroscience Education* 11, no. 1 (2012): A44–A51; Beronda L. Montgomery, Jualynne E. Dodson and Sonya M. Johnson, "Guiding the Way: Mentoring Graduate Students and Junior Faculty for Sustainable Academic Careers," *SAGE Open* 4, no. 4 (2014): doi: 10.1177 / 2158244014558043。

47. Patricia Matthew ed., *Written/Unwritten: Diversity and the Hidden Truths of Tenure*. (Chapel Hill: University of North Carolina Press, 2016).

## 3 为了赢而冒险

题词: Hope Jahren, *Lab Girl* (New York: Knopf, 2016), 52.

1. Janice Friedman and Matthew J. Rubin, "All in Good Time: Understanding Annual and Perennial Strategies in Plants," *American Journal of Botany* 102, no. 4 (2015): 497–499.

2. Corrine Duncan, Nick L. Schultz, Megan K. Good et al., "The Risk-Takers and Avoiders: Germination Sensitivity to Water Stress in an Arid

Zone with Unpredictable Rainfall," *AoB Plants* 11, no. (2019): plz066.

175 3. Thomas Caraco, Steven Martindale and Thomas S. Whittam, "An Empirical Demonstration of Risk Sensitive Foraging Preferences," *Animal Behaviour* 28, no. 3 (1980): 820–830; Hiromu Ito, "Risk Sensitivity of a Forager with Limited Energy Reserves in Stochastic Environments," *Ecological Research* 34, no. 1 (2019): 9–17; Alex Kacelnik and Melissa Bateson, "Risk-sensitivity: Crossroads for Theories of Decision-making," *Trends in Cognitive Sciences* 1, no. 8 (1997): 304–309.

4. Richard Karban, John L. Orrock, Evan L. Preisser and Andrew Sih, "A Comparison of Plants and Animals in Their Responses to Risk of Consumption," *Current Opinion in Plant Biology* 32 (2016): 1–8.

5. Efrat Dener, Alex Kacelnik and Hagai Shemesh, "Pea Plants Show Risk Sensitivity," *Current Biology* 26, no. 13 (2016): 1763–1767; Hagai Shemesh, Adi Arbiv, Mordechai Gersani et al., "The Effects of Nutrient Dynamics on Root Patch Choice," *PLOS One* 5, no. 5 (2010): e10824.

6. Hagai Shemesh, Ran Rosen, Gil Eshel et al., "The Effect of Steepness of Temporal Resource Gradients on Spatial Root Allocation," *Plant Signaling & Behavior* 6, no. 9 (2011): 1356–1360.

7. Shemesh et al., "The Effects of Nutrient Dynamics"; Hagai Shemesh and Ariel Novoplansky, "Branching the Risks: Architectural Plasticity and Bet-hedging in Mediterranean Annuals," *Plant Biology* 15, no. 6 (2013): 1001–1012.

8. Enrico Pezzola, Stefano Mancuso and Richard Karban, "Precipitation Affects Plant Communication and Defense," *Ecology* 98, no. 6 (2017):

1693–1699.

9. Omer Falik, Yonat Mordoch, Lydia Quansah et al., "Rumor Has It ...: Relay Communication of Stress Cues in Plants," *PLOS One* 6, no. 11 (2011): e23625. 176

10. Chuanwei Yang and Lin Li, "Hormonal Regulation in Shade Avoidance," *Frontiers in Plant Science* 8 (2017): 1527.

11. Virginia Morell, "Plants Can Gamble," *Science Magazine News,* June 2016, http://www.sciencemag.org /news/2016/06/plants-can-gamble-according-study.

12. Dener, Kacelnik and Shemesh, "Pea Plants Show Risk Sensitivity."

13. Stefan Hörtensteiner and Bernhard Kräutler, "Chlorophyll Breakdown in Higher Plants," *Biochimica et Biophysica Acta (BBA)-Bioenergetics* 1807, no. 8 (2011): 977–988; Hazem M. Kalaji, Wojciech Bąba, Krzysztof Gediga et al., "Chlorophyll Fluorescence as a Tool for Nutrient Status Identification in Rapeseed Plants," *Photosynthesis Research* 136, no. 3 (2018): 329–343; Angela Hodge, "Root Decisions," *Plant, Cell & Environment* 32, no. 6 (2009): 630.

14. Hodge, "Root Decisions," 629.

15. Bagmi Pattanaik, Andrea W. U. Busch, Pingsha Hu, Jin Chen and Beronda L. Montgomery, "Responses to Iron Limitation Are Impacted by Light Quality and Regulated by RcaE in the Chromatically Acclimating Cyanobacterium *Fremyella diplosiphon,*" *Microbiology* 160, no. 5
(2014): 992–1005; Sigal Shcolnick and Nir Keren, "Metal Homeostasis 177
in Cyanobac teria and Chloroplasts. Balancing Benefits and Risks to the Photosynthetic Apparatus," *Plant Physiology* 141, no. 3 (2006): 805–810.

16. W. L. Lindsay and A. P. Schwab, “The Chemistry of Iron in Soils and Its Availability to Plants,” *Journal of Plant Nutrition* 5, no. 4–7 (1982): 821–840.

17. Tristan Lurthy, Cécile Cantat, Christian Jeudy et al., “Impact of Bacterial Siderophores on Iron Status and Ionome in Pea,” *Frontiers in Plant Science* 11 (2020): 730.

18. H. Marschner and V. Römheld, “Strategies of Plants for Acquisition of Iron,” *Plant and Soil* 165, no. 2 (1994): 261–274.

19. Lurthy et al., “Impact of Bacterial Siderophores.”

20. Chong Wei Jin, Yi Quan Ye and Shao Jian Zheng, “An Underground Tale: Contribution of Microbial Activity to Plant Iron Acquisition via Ecological Processes,” *Annals of Botany* 113, no. 1 (2014): 7–18.

21. Shah Jahan Leghari, Niaz Ahmed Wahocho, Ghulam Mustafa Laghari et al., “Role of Nitrogen for Plant Growth and Development: A Review,” *Advances in Environmental Biology* 10, no. 9 (2016): 209–219.

22. Philippe Nacry, Eléonore Bouguyon and Alain Gojon, “Nitrogen Acquisition by Roots: Physiological and Developmental Mechanisms Ensuring Plant Adaptation to a Fluctuating Resource,” *Plant and Soil* 370, no. 1–2 (2013): 1–29.

23. Ricardo F. H. Giehl and Nicolaus von Wirén, “Root Nutrient Foraging,” *Plant Physiology* 166, no. 2 (2014): 509–517.

178 24. 根瘤菌（*Rhizobia*）和弗兰克氏菌（*Frankia*）等固氮细菌位于植物根内部的根瘤中（最常出现在豆科植物中，如豆类），而其他固氮生物如蓝藻可以位于根的外表面或者根的内部。这方面的文献综述见 Claudine Franche, Kristina Lindström and Claudine Elmerich, "Nitrogen-Fixing Bacteria Associated with Leguminous and Non-leguminous Plants," *Plant and Soil* 321, no. 1–2 (2009): 35–59; Florence Mus, Matthew B. Crook, Kevin Garcia et al., "Symbiotic Nitrogen Fixation and the Challenges to Its Extension to Nonlegumes," *Applied and Environmental Microbiology* 82, no. 13 (2016): 3698–3710; Carole Santi, Didier Bogusz and Claudine Franche, "Biological Nitrogen Fixation in Non-Legume Plants," *Annals of Botany* 111, no. 5 (2013): 743–767。

25. Philippe Hinsinger, "Bioavailability of Soil Inorganic P in the Rhizosphere as Affected by Root-induced Chemical Changes: A Review," *Plant and Soil* 237 (2001): 173–195.

26. Daniel P. Schachtman, Robert J. Reid and Sarah M. Ayling, "Phosphorus Uptake by Plants: From Soil to Cell," *Plant Physiology* 116, no. 2 (1998): 447–453.

27. Alan E. Richardson, Jonathan P. Lynch, Peter R. Ryan et al., "Plant and Microbial Strategies to Improve the Phosphorus Efficiency of Agriculture," *Plant and Soil* 349 (2011): 121–156; Schachtman et al., "Phosphorus Uptake by Plants."

28. Carroll P. Vance, Claudia Uhde-Stone and Deborah L. Allan, "Phosphorus 179
Acquisition and Use: Critical Adaptations by Plants for Securing a Nonrenewable Resource," *New Phytologist* 157, no. 3 (2003): 423–447.

29. K. G. Raghothama, "Phosphate Acquisition," *Annual Review of Plant Biology* 50, no. 1 (1999): 665–693; Schachtman et al., "Phosphorus Uptake by Plants"; Marcel Bucher, "Functional Biology of Plant

Phosphate Uptake at Root and Mycorrhiza Interfaces," *New Phytologist* 173, no. 1 (2007): 11–26.

30. Martina Friede, Stephan Unger, Christine Hellmann and Wolfram Beyschlag, "Conditions Promoting Mycorrhizal Parasitism Are of Minor Importance for Competitive Interactions in Two Differentially Mycotrophic Species," *Frontiers in Plant Science* 7 (2016): 1465.

31. Eiji Gotoh, Noriyuki Suetsugu, Takeshi Higa et al., "Palisade Cell Shape Affects the Light-Induced Chloroplast Movements and Leaf Photosynthesis," *Scientific Reports* 8, no. 1 (2018): 1–9; L. A. Ivanova and V. I. P'yankov, "Structural Adaptation of the Leaf Mesophyll to Shading," *Russian Journal of Plant Physiology* 49, no. 3 (2002): 419–431.

32. 包括叶黄素和花青素在内，光保护色素在阳生叶中比在阴生叶中更丰富。投资此类蛋白质需要付出高昂的能量成本。见 J. A. Gamon and J. S. Surfus, "Assessing Leaf Pigment Content and Activity with a
180 Reflectometer," *New Phytologist* 143, no. 1 (1999): 105–117; Susan S. Thayer and Olle Björkman, "Leaf Xanthophyll Content and Composition in Sun and Shade Determined by HPLC," *Photosynthesis Research* 23, no. 3 (1990): 331–343。

33. Shemesh and Novoplansky, "Branching the Risks"; Hagai Shemesh, Benjamin Zaitchik, Tania Acuña and Ariel Novoplansky, "Architectural Plasticity in a Mediterranean Winter Annual," *Plant Signaling & Behavior* 7, no. 4 (2012): 492–501.

34. Nir Sade, Alem Gebremedhin and Menachem Moshelion, "Risk-taking Plants: Anisohydric Behavior as a Stress-resistance Trait," *Plant Signaling & Behavior* 7, no.7 (2012): 767–770.

## 4 转变

题词: Amy Leach, *Things That Are* (Minneapolis, MN: Milkweed Editions, 2012), 40.

1. Eric Wagner, *After the Blast: The Ecological Recovery of Mount St. Helens* (Seattle: University of Washington Press, 2020).

2. Garrett A. Smathers and Dieter Mueller Dombois, *Invasion and Recovery of Vegetation after a Volcanic Eruption in Hawaii* (Washington, DC: National Park Service, 1974); Gregory H. Aplet, R. Flint Hughes and Peter M. Vitousek, "Ecosystem Development on Hawaiian Lava Flows: Biomass and Species Composition," *Journal of Vegetation Science* 9, no. 1 (1998): 17–26.

3. Leigh B. Lentile, Penelope Morgan, Andrew T. Hudak et al., "Post-fire 181
Burn Severity and Vegetation Response Following Eight Large Wildfires across the Western United States," *Fire Ecology* 3, no. 1 (2007): 91–108.

4. Lentile et al., "Post-fire Burn Severity"; Diane H. Rachels, Douglas A. Stow, John F. O'Leary et al., "Chaparral Recovery Following a Major Fire with Variable Burn Conditions," *International Journal of Remote Sensing* 37, no. 16 (2016): 38363857.

5. For examples see A. J. Kayll and C. H. Gimingham, "Vegetative Regeneration of *Calluna vulgaris* after Fire," *Journal of Ecology* 53, no. 3 (1965): 729–734; Nandita Mondal and Raman Sukumar, "Regeneration of Juvenile Woody Plants after Fire in a Seasonally Dry Tropical Forest of Southern

India," *Biotropica* 47, no. 3 (2015): 330–338; Stephen J. Pyne, "How Plants Use Fire (and Are Used by It)," *Fire Wars,* Nova online, PBS, June 2002, https://www.pbs.org/wgbh/nova/fire/plants.html.

6. Timothy A. Mousseau, Shane M. Welch, Igor Chizhevsky et al., "Tree Rings Reveal Extent of Exposure to Ionizing Radiation in Scots Pine *Pinus Sylvestris,*" *Trees* 27, no. 5 (2013): 1443–1453.

7. Nicholas A. Beresford, E. Marian Scott and David Copplestone, "Field Effects Studies in the Chernobyl Exclusion Zone: Lessons to Be Learnt," *Journal of Environmental Radioactivity* 211 (2020): 105893.

182 8. Gordon C. Jacoby and Rosanne D. D'Arrigo, "Tree Rings, Carbon Dioxide, and Climatic Change," *Proceedings of the National Academy of Sciences* 94, no. 16 (1997): 8350–8353.

9. Christophe Plomion, Grégoire Leprovost and Alexia Stokes, "Wood Formation in Trees," *Plant Physiology* 127, no. 4 (2001): 1513–1523; Keith Roberts and Maureen C. McCann, "Xylogenesis: The Birth of a Corpse," *Current Opinion in Plant Biology* 3, no. 6 (2000): 517–522.

10. Veronica De Micco, Marco Carrer, Cyrille B. K. Rathgeber et al., "From Xylogenesis to Tree Rings: Wood Traits to Investigate Tree Response to Environmental Changes," *IAWA Journal* 40, no. 2 (2019): 155–182; Jacoby and D'Arrigo, "Tree Rings."

11. Mousseau et al., "Tree Rings Reveal Extent of Exposure," 1443.

12. Timothy A. Mousseau, Gennadi Milinevsky, Jane Kenney-Hunt and Anders Pape Møller, "Highly Reduced Mass Loss Rates and Increased Litter Layer in Radioactively Contaminated Areas," *Oecologia* 175, no. 1 (2014): 429–437.

13. Igor Kovalchuk, Vladimir Abramov, Igor Pogribny and Olga Kovalchuk, "Molecular Aspects of Plant Adaptation to Life in the Chernobyl Zone," *Plant Physiology* 135, no. 1 (2004): 357–363.

14. Cynthia C. Chang and Benjamin L. Turner, "Ecological Succession in a Changing World," *Journal of Ecology* 107, no. 2 (2019): 503–509; Karel Prach and Lawrence R. Walker, "Differences between Primary and Secondary Plant Succession among Biomes of the World," *Journal of Ecology* 107, no. 2 (2019): 510–516. 次生演替期间的较轻程度指的是 183
与原生演替相比对环境的影响较小，而不是对个体的影响较小。毁灭性的森林火灾可能导致动物和人类完全流离失所和无家可归，这对相关生物而言无疑是一种严重的扰动。

15. Chang and Turner, "Ecological Succession in a Changing World."

16. Karel Prach and Lawrence R. Walker, "Four Opportunities for Studies of Ecological Succession," *Trends in Ecology & Evolution* 26, no. 3 (2011): 119–123.

17. Prach and Walker, "Four Opportunities for Studies of Ecological Succession," 120.

18. Malcolm J. Zwolinski, "Fire Effects on Vegetation and Succession," in *Proceedings of the Symposium on Effects of Fire Management on Southwestern Natural Resources* (Fort Collins, CO: USDA-Forest Service, 1990), 18–24. 在这里，拓殖（colonization）指的是植物在生态位中站稳脚跟的生物过程。人类殖民（colonization；常常与土地和文化的占据相关）的概念是在此背景下对植物经验教训的借鉴，但二者之间的直接相关性绝不是有意的。

19. I. R. Noble and R. O. Slatyer, "The Use of Vital Attributes to Predict

Successional Changes in Plant Communities Subject to Recurrent Disturbances," *Vegetatio* 43, no. 1/2 (1980): 5–21; Zwolinski, "Fire Effects on Vegetation and Succession," 22.

184 20. Joseph H. Connell and Ralph O. Slatyer, "Mechanisms of Succession in Natural Communities and Their Role in Community Stability and Organization," *American Naturalist* 111, no. 982 (1977): 1119–1144.

21. Connell and Slatyer, "Mechanisms of Succession"; Tiffany M. Knight and Jonathan M. Chase, "Ecological Succession: Out of the Ash," *Current Biology* 15, no. 22 (2005): R926–R927.

22. Knight and Chase, "Ecological Succession," R926.

23. Mark E. Ritchie, David Tilman and Johannes M. H. Knops, "Herbivore Effects on Plant and Nitrogen Dynamics in Oak Savanna," *Ecology* 79, no. 1 (1998): 165–177.

24. Peter M. Vitousek, Pamela A. Matson and Keith Van Cleve, "Nitrogen Availability and Nitrification during Succession: Primary, Secondary, and Old-field Seres," *Plant Soil* 115 (1989): 233; Jonathan J. Halvorson, Eldon H. Franz, Jeffrey L. Smith and R. Alan Black, "Nitrogenase Activity, Nitrogen Fixation and Nitrogen Inputs by Lupines at Mount St. Helens," *Ecology* 73, no. 1 (1992): 87–98; Henrik Hartmann and Susan Trumbore, "Understanding the Roles of Nonstructural Carbohydrates in Forest Trees—From What We Can Measure to What We Want to Know," *New Phytologist* 211, no. 2 (2016): 386–403; Robin Wall Kimmerer, *Braiding Sweetgrass: Indigenous Wisdom, Scientific Knowledge and the Teachings of Plants* (Minneapolis, MN: Milkweed Editions, 2015), 133; Knight and Chase, "Ecological Succession," R926; Janet I. Sprent,

"Global Distributions of Legumes," in *Legume Nodulation: A Global Perspective* (Oxford: Wiley-blackwell, 2009), 35–50; Jungwook Yang, 185
Joseph W. Kloepper and Choong-Min Ryu, "Rhizosphere Bacteria Help Plants Tolerate Abiotic Stress," *Trends in Plant Science* 14, no. 1 (2009): 1–4.

25. Connell and Slatyer, "Mechanisms of Succession," 1123–1124.

26. Zwolinski, "Fire Effects on Vegetation and Succession," 21.

27. Vitousek et al., "Nitrogen Availability," 233; Eugene F. Kelly, Oliver A. Chadwick and Thomas E. Hilinski, "The Effect of Plants on Mineral Weathering," *Biogeochemistry* 42 (1998): 21–53; Angela Hodge, "Root Decisions," *Plant, Cell & Environment* 32 (2009): 628–640.

28. Julie Sloan Denslow, "Patterns of Plant Species Diversity during Succession under Different Disturbance Regimes," *Oecologia* 46, no. 1 (1980): 18–21.

29. Knight and Chase, "Ecological Succession," R926; Vitousek et al., "Nitrogen Availability," 233.

30. Vitousek et al., "Nitrogen Availability," 230.

31. Connell and Slatyer, "Mechanisms of Succession"; Denslow, "Patterns of Plant Species Diversity."

32. Denslow, "Patterns of Plant Species Diversity," 18.

33. Vitousek et al., "Nitrogen Availability," 230; Zwolinski, "Fire Effects on Vegetation and Succession," 21–22.

34. α 多样性和 β 多样性这两个术语，以及第三个术语 γ 多样性，于
1960 年由 R. H. Whittaker 首次提出，见 "Vegetation of the Siskiyou 186

Mountains, Oregon and California," *Ecological Monographs* 30 (1960): 279–338。另见 Christopher M. Swan, Anna Johnson and David J. Nowak, "Differential Organization of Taxonomic and Functional Diversity in an Urban Woody Plant Metacommunity," *Applied Vegetation Science* 20 (2017): 7–17。

35. Swan et al., "Differential Organization," 8.

36. Denslow, "Patterns of Plant Species Diversity," 18.

37. Swan et al., "Differential Organization," 10.

38. Sheikh Rabbi, Matthew K. Tighe, Richard J. Flavel et al., "Plant Roots Redesign the Rhizosphere to Alter the Three-dimensional Physical Architecture and Water Dynamics," *New Phytologist* 219, no. 2 (2018): 542–550.

39. Jan K. Schjoerring, Ismail Cakmak and Philip J. White, "Plant Nutrition and Soil Fertility: Synergies for Acquiring Global Green Growth and Sustainable Development," *Plant and Soil* 434 (2019): 1–6; Adnan Noor Shah, Mohsin Tanveer, Babar Shahzad et al., "Soil Compaction Effects on Soil Health and Crop Productivity: An Overview," *Environmental Science and Pollution Research* 24 (2017): 10056–10067.

40. Rabbi et al., "Plant Roots Redesign," 542; Debbie S. Feeney, John W. Crawford, Tim Daniell et al., "Three-dimensional Microorganization of the Soil–Root–Microbe System," *Microbial Ecology* 52, no. 1 (2006): 151–158.

187 41. Kerry L. Metlen, Erik T. Aschehoug and Ragan M. Callaway, "Plant Behavioural Ecology: Dynamic Plasticity in Secondary Metabolites," *Plant, Cell & Environment* 32, no. 6 (2009): 641–653.

42. Rabbi et al., "Plant Roots Redesign," 542; Feeney et al., "Three-dimensional Microorganization."

43. Dayakar V. Badri and Jorge M. Vivanco, "Regulation and Function of Root Exudates," *Plant, Cell & Environment,* 32, no. 6 (2009): 666–681; Metlen, Aschehoug and Callaway, "Plant Behavioural Ecology."

44. Rabbi et al., "Plant Roots Redesign," 543.

45. D. B. Read, A. G. Bengough, P. J. Gregory et al., "Plant Roots Release Phospholipid Surfactants that Modify the Physical and Chemical Properties of Soil," *New Phytologist* 157, no. 2 (2003): 315–326.

46. Read et al., "Plant Roots Release Phospholipid Surfactants," 316.

47. 麦角甾醇（ergosterol）是真菌细胞膜中的一种真菌特异性甾醇，其作用是维持细胞膜的透性。它是一种生物标记，常常被量化以估计与植物根系或土壤样品有关的菌根真菌的生物量；Yongqiang Zhang and Rajini Rao, "Beyond Ergosterol: Linking pH to Antifungal Mechanisms," *Virulence* 1, no. 6 (2010): 551–554。

48. 作为一种糖蛋白，球囊霉素（glomalin）是富含碳和氮的有机化合物，由丛枝菌根真菌产生。它被释放到根际并改变土壤性质，如团聚作用和吸水性；Karl Ritz and Iain M. Young, "Interactions between Soil Structure and Fungi," *Mycologist* 18, no. 2 (2004): 52–59; Matthias 188
C. Rillig and Peter D. Steinberg, "Glomalin Production by an Arbuscular Mycorrhizal Fungus: A Mechanism of Habitat Modification?" *Soil Biology and Biochemistry* 34, no. 9 (2002): 1371–1374。

49. Chang and Turner, "Ecological Succession in a Changing World," 506.

50. Lindsay Chaney and Regina S. Baucom, "The Soil Microbial Community

Alters Patterns of Selection on Flowering Time and Fitness-related Traits in *Ipomoea Purpurea*," *American Journal of Botany* 107, no. 2 (2020): 186–194; Chang and Turner, "Ecological Succession in a Changing World," 503.

51. James D. Bever, Thomas G. Platt and Elise R. Morton, "Microbial Population and Community Dynamics on Plant Roots and Their Feedbacks on Plant Communities," *Annual Review of Microbiology* 66 (2012): 265–283; Tanya E. Cheeke, Chaoyuan Zheng, Liz Koziol et al., "Sensitivity to AMF Species Is Greater in Late-Successional Than Early-Successional Native or Nonnative Grassland Plants," *Ecology* 100, no. 12 (2019): e02855; Liz Koziol and James D. Bever, "AMF, Phylogeny, and Succession: Specificity of Response to Mycorrhizal Fungi Increases for Late-successional Plants," *Ecosphere* 7, no. 11 (2016): e01555; Liz Koziol and James D. Bever, "Mycorrhizal Feedbacks Generate Positive Frequency Dependence Accelerating Grassland Succession," *Journal of Ecology* 107, no. 2 (2019): 622–632.

52. Guillaume Tena, "Seeing the Unseen," *Nature Plants* 5 (2019): 647.

189 53. David P. Janos, "Mycorrhizae Influence Tropical Succession," *Biotropica* 12, no. 2 (1980): 56.

54. Janos, "Mycorrhizae Influence Tropical Succession," 58; Tereza Konvalinková and Jan Jansa, "Lights Off for Arbuscular Mycorrhiza: On Its Symbiotic Functioning under Light Deprivation," *Frontiers in Plant Science* 7 (2016): 782; Maki Nagata, Naoya Yamamoto, Tamaki Shigeyama et al., "Red / Far Red Light Controls Arbuscular Mycorrhizal Colonization via Jasmonic Acid and Strigolactone Signaling," *Plant and Cell Physiology*

56, no. 11 (2015): 2100–2109; Maki Nagata, Naoya Yamamoto, Taro Miyamoto et al., "Enhanced Hyphal Growth of Arbuscular Mycorrhizae by Root Exudates Derived from High R / FR Treated *Lotus Japonicas*," *Plant Signaling & Behavior* 11, no. 6 (2016): e1187356.

55. Janos, "Mycorrhizae Influence Tropical Succession," 60.

56. Janos, "Mycorrhizae Influence Tropical Succession," 60.

57. Marzena Ciszak, Diego Comparini, Barbara Mazzolai et al., "Swarming Behavior in Plant Roots," *PLOS One* 7, no. 1 (2012): e29759; Adrienne Maree Brown, *Emergent Strategy: Shaping Change, Changing Worlds* (Chico, CA: AK Press, 2017), 6.

58. Ciszak et al., "Swarming Behavior."

59. Dale Kaiser, "Bacterial Swarming: A Reexamination of Cell-movement Patterns," *Current Biology* 17, no. 14 (2007): R561–R570.

60. Brown, *Emergent Strategy,* 12.

61. Ciszak et al., "Swarming Behavior."

62. Peter W. Barlow and Joachim Fisahn, "Swarms, Swarming and Entanglements 190
of Fungal Hyphae and of Plant Roots," *Communicative & Integrative Biology* 6, no. 5 (2013): e25299-1.

63. Ciszak et al., "Swarming Behavior."

64. Barlow and Fisahn, "Swarms, Swarming, and Entanglements."

65. André Geremia Parise, Monica Gagliano and Gustavo Maia Souza, "Extended Cognition in Plants: Is It Possible?" *Plant Signaling & Behavior* 15, no. 2 (2020): 1710661.

66. 关于计划中的火灾，见 Zwolinski, “Fire Effects on Vegetation and Succession,” 18–24。

## 5 多元化社群

题词: Andrea Wulf, *The Invention of Nature*: *Alexander von Humboldt's New World* (New York: Knopf, 2015), 125.

1. Cynthia C. Chang and Melinda D. Smith, “Resource Availability Modulates Above and Below Ground Competitive Interactions between Genotypes of a Dominant C4 Grass,” *Functional Ecology* 28, no. 4 (2014): 1041–1051, 1042; David Tilman, *Resource Competition and Community Structure* (Princeton, NJ: Princeton University Press, 1982).

2. Philip O. Adetiloye, “Effect of Plant Populations on the Productivity of Plantain and Cassava Intercropping,” *Moor Journal of Agricultural*
191 *Research* 5, no. 1 (2004): 26–32; Long Li, David Tilman, Hans Lambers and Fu-Suo Zhang, “Plant Diversity and Overyielding: Insights from Belowground Facilitation of Intercropping in Agriculture,” *New Phytologist* 203, no. 1 (2014): 63–69; Zhi-Gang Wang, Xin Jin, Xing-Guo Bao et al., “Intercropping Enhances Productivity and Maintains the Most Soil Fertility Properties Relative to Sole Cropping,” *PLOS One* 9 (2014): e113984.

3. Li et al., “Plant Diversity and Overyielding.”

4. Venida S. Chenault, “Three Sisters: Lessons of Traditional Story Honored in Assessment and Accreditation,” *Tribal College* 19, no. 4 (2008): 15–

16; Robin Wall Kimmerer, *Braiding Sweetgrass: Indigenous Wisdom, Scientific Knowledge and the Teachings of Plants* (Minneap- olis, MN: Milkweed Editions, 2015), 132.

5. Kimmerer, *Braiding Sweetgrass,* 128–140; K. Kris Hirst, "The Three Sisters: The Traditional Intercropping Agricultural Method," *ThoughtCo,* May 30, 2019, https://www.thoughtco.com/three-sisters-american-farming-173034.

6. Kimmerer, *Braiding Sweetgrass,* 131.

7. Kimmerer, *Braiding Sweetgrass,* 130.

8. Adetiloye, "Effect of Plant Populations on the Productivity of Plantain and Cassava Intercropping"; P. O. Aiyelari, A. N. Odede and S. O. Agele, "Growth, Yield and Varietal Responses of Cassava to Time of Planting into Plantain Stands in a Plantain / Cassava Intercrop in Akure, South-West Nigeria," *Journal of Agronomy Research* 2, no. 2 (2019): 1–16.

9. Kimmerer, *Braiding Sweetgrass,* 131; Abdul Rashid War, Michael Gabriel 192
Paulraj, Tariq Ahmad et al., "Mechanisms of Plant Defense against Insect Herbivores," *Plant Signaling & Behavior* 7, no. 10 (2012): 1306–1320.

10. Kimmerer, *Braiding Sweetgrass,* 140.

11. Kimmerer, *Braiding Sweetgrass,* 132.

12. Lindsay Chaney and Regina S. Baucom, "The Soil Microbial Community Alters Patterns of Selection on Flowering Time and Fitness-related Traits in *Ipomoea Purpurea,*" *American Journal of Botany* 107, no. 2 (2020): 186–194; Jennifer A. Lau and Jay T. Lennon, "Evolutionary Ecology of Plant–microbe Interactions: Soil Microbial Structure Alters Selection

on Plant Traits," *New Phytologist* 192, no. 1 (2011): 215–224; Marcel G. A. Van Der Heijden, Richard D. Bardgett and Nico M. Van Straalen, "The Unseen Majority: Soil Microbes as Drivers of Plant Diversity and Productivity in Terrestrial Ecosystems," *Ecology Letters* 11, no. 3 (2008): 296–310.

13. Kimmerer, *Braiding Sweetgrass,* 133; Catherine Bellini, Daniel I. Pacurar and Irene Perrone, "Adventitious Roots and Lateral Roots: Similarities and Differences," *Annual Review of Plant Biology* 65 (2014): 639–666.

14. Angela Hodge, "The Plastic Plant: Root Responses to Heterogeneous Supplies of Nutrients," *New Phytologist* 162, no. 1 (2004): 9–24.

15. Kimmerer, *Braiding Sweetgrass,* 140.

16. Henrik Hartmann and Susan Trumbore, "Understanding the Roles of Nonstructural Carbohydrates in Forest Trees——From What We Can Measure to What We Want to Know," *New Phytologist* 211, no. 2 (2016): 386–403.

193 17. Kimmerer, *Braiding Sweetgrass,* 133; Janet I. Sprent, "Global Distribution of Legumes," in *Legume Nodulation: A Global Perspective* (Oxford: Wiley-Blackwell, 2009), 35–50; Jungwook Yang, Joseph W. Kloepper and Choong Min Ryu, "Rhizosphere Bacteria Help Plants Tolerate Abiotic Stress," *Trends in Plant Science* 14, no. 1 (2009): 1–4.

18. Tamir Klein, Rolf T. W. Siegwolf and Christian Körner, "Belowground Carbon Trade among Tall Trees in a Temperate Forest," *Science* 352, no. 6283 (2016): 342–344.

19. Cyril Zipfel and Silke Robatzek, "Pathogen Associated Molecular

Pattern-Triggered Immunity: *Veni, Vidi ... ?*" *Plant Physiology* 154, no. 2 (2010): 551–554.

20. Kevin R. Bairos-Novak, Maud C. O. Ferrari and Douglas P. Chivers, "A Novel Alarm Signal in Aquatic Prey: Familiar Minnows Coordinate Group Defences against Predators through Chemical Disturbance Cues," *Journal of Animal Ecology* 88, no. 9 (2019): 1281–1290.

21. Michiel van Breugel, Dylan Craven, Hao Ran Lai et al., "Soil Nutrients and Dispersal Limitation Shape Compositional Variation in Secondary Tropical Forests across Multiple Scales," *Journal of Ecology* 107, no. 2 (2019): 566–581.

22. Robin Wall Kimmerer, "Weaving Traditional Ecological Knowledge into Biological Education: A Call to Action," *BioScience* 52, no. 5 (2002): 432–438.

23. Chenault, "Three Sisters."

24. See Kimmerer, *Braiding Sweetgrass,* 134.

25. Kimmerer, *Braiding Sweetgrass;* Jayalaxshmi Mistry and Andrea Berardi, "Bridging Indigenous and Scientific Knowledge," *Science* 352, no. 6291 (2016): 1274–1275.

26. Robin Wall Kimmerer, "The Intelligence in All Kinds of Life," *On* 194
*Being with Krista Tippett,* original broadcast February 25, 2016, https://onbeing.org /programs/robin-wall-kimmerer-the-intelligence-in-all-kinds-of-life-jul2018/.

27. Joseph A.Whittaker and Beronda L. Montgomery, "Cultivating Institutional Transformation and Sustainable STEM Diversity in Higher

Education through Integrative Faculty Development," *Innovative Higher Education* 39, no. 4 (2014): 263–275.

28. Whittaker and Montgomery, "Cultivating Institutional Transformation."

29. Kimmerer, *Braiding Sweetgrass,* 132.

30. Kimmerer, *Braiding Sweetgrass,* 58.

31. 文化能力在促进合作成功方面起作用的例子，见 Stephanie M. Reich and Jennifer A. Reich, "Cultural Competence in Interdisciplinary Collaborations: A Method for Respecting Diversity in Research Partnerships," *American Journal of Community Psychology* 38, no. 1–2 (2006): 51–62。

32. Joseph A. Whittaker and Beronda L. Montgomery, "Cultivating Diversity and Competency in STEM: Challenges and Remedies for Removing Virtual Barriers to Constructing Diverse Higher Education Communities of Success," *Journal of Undergraduate Neuroscience Education* 11,
195 no. 1 (2012): A44–A51; Kim Parker, Rich Morin and Juliana Menasce Horowitz, "Looking to the Future, Public Sees an America in Decline on Many Fronts," Pew Research Center, March 2019, ch. 3, "Views of Demographic Changes," https://www.pewsocialtrends.org/wp-content/uploads /sites/3/2019/03/US-2050_full_report-FINAL.pdf.

## 6 为成功做计划

题词: Dawna Markova, *I Will Not Die an Unlived Life*: *Reclaiming Purpose and Passion* (Berkeley, CA: Co- nari Press, 2000), 1.

1. Cynthia C. Chang and Melinda D. Smith, "Resource Availability

Modulates Above and Belowground Competitive Interactions between Genotypes of a Dominant C4 Grass," *Functional Ecology* 28, no. 4 (2014): 1041–1051.

2. Jannice Friedman and Matthew J. Rubin, "All in Good Time: Understanding Annual and Perennial Strategies in Plants," *American Journal of Botany* 102, no. 4 (2015): 497–499.

3. Diederik H. Keuskamp, Rashmi Sasidharan and Ronald Pierik, "Physiological Regulation and Functional Significance of Shade Avoidance Responses to Neighbors," *Plant Signaling & Behavior* 5, no. 6 (2010): 655–662.

4. Katherine M. Warpeha and Beronda L. Montgomery, "Light and Hormone Interactions in the Seed-to-Seedling Transition," *Environmental and Experimental Botany* 121 (2016): 56–65.

5. Lourens Poorter, "Are Species Adapted to Their Regeneration Niche, Adult Niche, or Both?" *American Naturalist* 169, no. 4 (2007): 433–442.

6. Anders Forsman, "Rethinking Phenotypic Plasticity and Its Consequences 196
for Individuals, Populations and Species," *Heredity* 115 (2015): 276–284; Robert Muscarella, María Uriarte, Jimena Forero-Montaña et al., "Life-history Trade-offs during the Seed-to-Seedling Transition in a Subtropical Wet Forest Community," *Journal of Ecology* 101, no. 1 (2013): 171–182; Warpeha and Montgomery, "Light and Hormone Interactions."

7. Carl Procko, Charisse Michelle Crenshaw, Karin Ljung et al., "Cotyledon-generated Auxin Is Required for Shade-induced Hypocotyl Growth in *Brassica rapa*," *Plant Physiology* 165, no. 3 (2014): 1285–1301; Chuanwei Yang and Lin Li, "Hormonal Regulation in Shade Avoidance,"

*Frontiers in Plant Science* 8 (2017): 1527.

8. Taylor S. Feild, David W. Lee and N. Michele Holbrook, “Why Leaves Turn Red in Autumn. The Role of Anthocyanins in Senescing Leaves of Red-Osier Dogwood,” *Plant Physiology* 127, no. 2 (2001): 566–574; Bertold Mariën, Manuela Balzarolo, Inge Dox et al., “Detecting the Onset of Autumn Leaf Senescence in Deciduous Forest Trees of the Temperate Zone,” *New Phytologist* 224, no. 1 (2019): 166–176; Edward J. Primka and William K. Smith, “Synchrony in Fall Leaf Drop: Chlorophyll Degradation, Color Change, and Abscission Layer Formation in Three Temperate Deciduous Tree Species,” *American Journal of Botany* 106, no. 3 (2019): 377–388.

197 9. 一些颜色鲜艳的色素在秋天尚未到来之前就已经积累下来了。然而，在限制用于制造新化合物的能量似乎是谨慎之举时，能量却被投入到合成额外的花青素上，这是因为它们在褪绿过程中起到为植物细胞抵御光毒性的作用；Feild et al., “Why Leaves Turn Red in Autumn”; Primka and Smith, “Synchrony in Fall Leaf Drop.”

10. Monika A. Gorzelak, Amanda K. Asay, Brian J. Pickles and Suzanne W. Simard, “Interplant Communication through Mycorrhizal Networks Mediates Complex Adaptive Behaviour in Plant Communities,” *AoB Plants* 7 (2015): plv050.

11. Gorzelak et al., “Interplant Communication through Mycorrhizal”; David Robinson and Alastair Fitter, “The Magnitude and Control of Carbon Transfer between Plants Linked by a Common Mycorrhizal Network,” *Journal of Experimental Botany* 50, no. 330 (1999): 9–13.

12. David P. Janos, “Mycorrhizae Influence Tropical Succession,” *Biotropica*

12, no. 2 (1980): 56–64; Leanne Philip, Suzanne Simard and Melanie Jones, "Pathways for Belowground Carbon Transfer between Paper Birch and Douglas-fir Seedlings," *Plant Ecology & Diversity* 3, no. 3 (2010): 221–233.

13. Tamir Klein, Rolf T. W. Siegwolf and Christian Körner, "Belowground Carbon Trade among Tall Trees in a Temperate Forest," *Science* 352, no. 6283 (2016): 342–344.

14. Peng-Jun Zhang, Jia-Ning Wei, Chan Zhao et al., "Airborne Host–Plant Manipulation by Whiteflies via an Inducible Blend of Plant Volatiles," *Proceedings of the National Academy of Sciences* 116, no. 15 (2019): 7387–7396.

15. Sarah Courbier and Ronald Pierik, "Canopy Light Quality Modulates 198
Stress Responses in Plants," *iScience* 22 (2019): 441–452.

16. Scott Hayes, Chrysoula K. Pantazopoulou, Kasper van Gelderen et al., "Soil Salinity Limits Plant Shade Avoidance," *Current Biology* 29, no. 10 (2019): 1669–1676; Wouter Kegge, Berhane T. Weldegergis, Roxina Soler et al., "Canopy Light Cues Affect Emission of Constitutive and Methyl Jasmonate-induced Volatile Organic Compounds in *Arabidopsis thaliana*," *New Phytologist* 200, no. 3 (2013): 861–874.

17. Beronda L. Montgomery, "Planting Equity: Using What We Know to Cultivate Growth as a Plant Biology Community," *Plant Cell* 32, no. 11 (2020): 3372–3375.

18. 我使用"少数派"（minoritized）一词表示"由于社会建构而与社会中的其他成员或群体相比权力或代表性较小"的人或群体；"少数人"（minority）一词可以简单地表示数量较少，而不是反映与压迫、排斥或其他不平等历史相关的系统性结构。见 I. E. Smith, "Minority

vs. Minoritized: Why the Noun Just Doesn’t Cut It,” *Odyssey,* September 2, 2016, https://www.theodysseyonline.com /minority-vs-minoritize。

19. Emma D. Cohen and Will R. McConnell, “Fear of Fraudulence: Graduate School Program Environments and the Impostor Phenomenon,”
199 *Sociological Quarterly* 60, no. 3 (2019): 457–478; Mind Tools Content Team, “Impostor Syndrome: Facing Fears of Inadequacy and Self-Doubt,” *Mindtools,* https://www.mindtools.com/pages/article/overcoming-impostor-syndrome.htm; Sindhumathi Revuluri, “How to Overcome Impostor Syndrome,” *Chronicle of Higher Education,* October 4, 2018, https://www.chronicle .com/article/How-to-Overcome-Impostor/244700.

20. Beronda L. Montgomery, “Mentoring as Environmental Stewardship,” *CSWEP News* 2019, no. 1 (2019): 10–12.

21. Montgomery, “Mentoring as Environmental Stewardship.”

22. Angela M. Byars-Winston, Janet Branchaw, Christine Pfund et al., “Culturally Diverse Undergraduate Researchers’ Academic Outcomes and Perceptions of Their Research Mentoring Relationships,” *International Journal of Science Education* 37, no. 15 (2015): 2533–2553; Christine Pfund, Christine Maidl Pribbenow, Janet Branchaw et al., “The Merits of Training Mentors,” *Science* 311, no. 5760 (2006): 473–474; Christine Pfund, Stephanie C. House, Pamela Asquith et al., “Training Mentors of Clinical and Translational Research Scholars: A Randomized Controlled Trial,” *Academic Medicine* 89, no. 5 (2014): 774–782; Christine Pfund, Kimberly C. Spencer, Pamela Asquith et al., “Building National Capacity for Research Mentor Training: An Evidence-based Approach to Training

the Trainers," *CBE-Life Sciences Education* 14, no. 2 (2015): ar24.

23. Center for the Improvement of Mentored Experiences in Research, https://cimerproject.org/#/; National Research Mentoring Network, 200 https://nrmnet.net/; Becky Wai-Ling Packard, mentoring resources, n.d., https://commons.mtholyoke.edu/beckypackard /resources/.

24. 最近的研究和讨论强调了在指导和领导方面采取文化相关实践的必要性。这种实践认识到个人来自不同背景，具有不同的文化规范和实践。导师和领导者必须提高他们的文化能力，才能有效地支持来自广泛多样文化的个人；Torie Weiston-Serdan, *Critical Mentoring*: *A Practical Guide* (Sterling, VA: Stylus, 2017), 44; Angela Byars Winston, "Toward a Framework for Multicultural STEM-Focused Career Interventions," Career *Development Quarterly* 62, no. 4 (2014): 340–357; Beronda L. Montgomery and Stephani C. Page, "Mentoring beyond Hierarchies: Multi-mentor Systems and Models," Commissioned Paper for National Academies of Sciences, Engineering, and Medicine Committee on Effective Mentoring in STEMM (2018), https://www.nap.edu/resource/25568/Montgomery%20and%20Page%20-%20Mentoring.pdf。

25. Weiston-Serdan, *Critical Mentoring,* 44; 又见 Joseph A. Whittaker and Beronda L. Montgomery, "Cultivating Diversity and Competency in STEM: Challenges and Remedies for Removing Virtual Barriers to Constructing Diverse Higher Education Communities of Success," *Journal of Undergraduate Neuroscience Education* 11, no. 1 (2012): A44–A51。

26. Betty Neal Crutcher, "Cross-Cultural Mentoring: A Pathway to Making 201 Excellence Inclusive," *Liberal Education* 100, no. 2 (2014): 26.

27. Weiston-Serdan, *Critical Mentoring,* 14.

28. George C. Banks, Ernest H. O'Boyle Jr., Jeffrey M. Pollack et al., "Questions about Questionable Research Practices in the Field of Management: A Guest Commentary," *Journal of Management* 42, no. 1 (2016): 5–20; Ferrie C. Fang and Arturo Casadevall, "Competitive Science: Is Competition Ruining Science?" *Infection and Immunity* 83, no. 4 (2015): 1229–1233; Shina Caroline Lynn Kamerlin, "Hyper-competition in Biomedical Research Evaluation and Its Impact on Young Scientist Careers," *International Microbiology* 18, no. 4 (2015): 253–261; Beronda L. Montgomery, Jualynne E. Dodson and Sonya M. Johnson, "Guiding the Way: Mentoring Graduate Students and Junior Faculty for Sustainable Academic Careers," *SAGE Open* 4, no. 4 (2014): doi: 10.1177 / 2158244014558043.

## 结 语

题词: Monica Gagliano, *Thus Spoke the Plant*: *A Remarkable Journey of Groundbreaking Scientific Discoveries and Personal Encounters with Plants* (Berkeley, CA: North Atlantic Books, 2018), 93.

1. Sonia E. Sultan, "Developmental Plasticity: Reconceiving the Genotype," *Interface Focus* 7, no. 5 (2017): 20170009, 3.

202 2. Monica Gagliano, Michael Renton, Martial Depczynski and Stefano Mancuso, "Experience Teaches Plants to Learn Faster and Forget Slower in Environments Where It Matters," *Oecologia* 175, no. 1 (2014): 63–72; Evelyn L. Jensen, Lawrence M. Dill and James F. Cahill Jr., "Applying Behavioral Ecological Theory to Plant Defense: Light-dependent

Movement in *Mimosa Pudica* Suggests a Trade-off between Predation Risk and Energetic Reward," *American Naturalist* 177, no. 3 (2011): 377–381; Franz W. Simon, Christina N. Hodson and Bernard D. Roitberg, "State Dependence, Personality, and Plants: Light-foraging Decisions in *Mimosa pudica* (L.)," *Ecology and Evolution* 6, no. 17 (2016): 6301–6309.

3. Beronda L. Montgomery, "How I Work and Thrive in Academia——From Affirmation, Not for Affirmation," Being Lazy and Slowing Down Blog, September 30, 2019, https://lazyslowdown.com/how-i-work -and-thrive-in-academia-from-affirmation-not-for -affirmation/.

4. Beronda L. Montgomery, "Academic Leadership: Gatekeeping or Groundskeeping?" *Journal of Values Based Leadership* 13, no. 2 (2020); Beronda L. Montgomery, "Mentoring as Environmental Stewardship," *CSWEP News* 2019, no. 1 (2019): 10–12.

5. Montgomery, "Academic Leadership"; Beronda L. Montgomery, "Effective Mentors Show up Healed," Beronda L. Montgomery website, December 5, 2019, http://www.berondamontgomery.com/mentoring /effective-mentors-show-up-healed/.

6. Andrew J. Dubrin, *Leadership: Researching Findings, Practice, and* 203
*Skills,* 4th ed. (Boston: Houghton Mifflin, 2004).

7. Beronda L. Montgomery, "Pathways to Transformation: Institutional Innovation for Promoting Progressive Mentoring and Advancement in Higher Education," Susan Bulkeley Butler Center for Leadership Excellence, Purdue University, Working Paper Series 1, no. 1, Navigating Careers in the Academy, 2018, 10–18, https://www.purdue.edu/butler/

working-paper-series /docs/Inaugural%20Issue%20May2018.pdf.

8. Miller McPherson, Lynn Smith-Lovin and, James M. Cook, “Birds of a Feather: Homophily in Social Networks,” *Annual Review of Sociology* 27, no. 1 (2001): 415–444.

9. Montgomery, “Academic Leadership.”

10. Szu-Fang Chuang, “Essential Skills for Leadership Effectiveness in Diverse Workplace Development,” *Online Journal for Workforce Education and Development* 6, no. 1 (2013): 5; Katherine Holt and Kyoko Seki, “Global Leadership: A Developmental Shift for Everyone,” *Industrial and Organizational Psychology* 5, no. 2 (2012): 196–215; Nhu TB Nguyen and Katsuhiro Umemoto, “Understanding Leadership for Cross-Cultural Knowledge Management,” *Journal of Leadership Studies* 2, no. 4 (2009): 23–35; Joseph A. Whittaker and Beronda L. Montgomery, “Cultivating Institutional Transformation and Sustainable STEM Diversity in Higher Education through Integrative Faculty Development,” *Innovative Higher Education* 39, no. 4 (2014): 263–275; Joseph A.
204 Whittaker, Beronda L. Montgomery and Veronica G. Martinez Acosta, “Retention of Underrepresented Minority Faculty: Strategic Initiatives for Institutional Value Proposition Based on Perspectives from a Range of Academic Institutions,” *Journal of Undergraduate Neuroscience Education* 13, no. 3 (2015): A136–A145; Torie Weiston-Serdan, *Critical Mentoring: A Practical Guide* (Sterling, VA: Stylus, 2017).

11. Stephanie M. Reich and Jennifer A. Reich, “Cultural Competence in Interdisciplinary Collaborations: A Method for Respecting Diversity in Research Partnerships,” *American Journal of Community Psychology*

38, no. 1 (2006): 51–62.

12. Montgomery, "Academic Leadership."

13. Montgomery, "Mentoring as Environmental Stewardship."

14. Montgomery, "Academic Leadership."

# 致　谢

205 可以说这本书是写给植物的爱情故事，但这并不能确切地描述它对我的意义。我真的很感激从植物身上学到的互惠精神。感谢我的科学界同仁，他们在过去几十年里与我分享了关于植物的知识、对植物的热情以及持续不断的好奇心。

我要感谢哈佛大学出版社的编辑团队，包括珍妮丝·奥黛，她的不懈努力激励我实现完成这个项目的梦想，还有路易丝·罗宾斯，她是模范照料者。

第 5 章的部分内容最初发表为“Three Sisters and Integrative Faculty Development,” *Plant Science Bulletin* 63, no. 2 (2017): 78－85。第 6 章的部分内容首先出现在“From Deficits to Possibilities,” *Public Philosophy Journal* 1, no. 1 (2018)。我很感谢这些期刊让我有机会展示这些早期工作。

206 在写作这本书时，我的工作得到了多个写作空间的大力支持：教师写作空间（Faculty Writing Spaces），多样性研究网络（Diversity Research Network）组织的写作静修，以及在杰奎和娜丁姐妹悉心照料下的伊斯顿角落（Easton's Nook）令人赞叹的空间和支持。

我感谢了不起的家人和传奇的朋友，他们始终支持我。我不确定自己是否能够用言语表达对我姐蕾妮的感谢。我总是说，你在我之前来到这颗星球一定是上帝设计的结果。虽然你一开始就被“聘为”我童年时期的科学研究助理，然后很快就被“解雇”了，但你一直坚持当我最好的朋友（坚持得如此专横），是我第一个也是最持久的导师。你勇敢地担任了导师和向导的角色，即使这项任务庞大又复杂。在我经历生活中的每一个挑战时，你都在我身边（有时是站在身前保护我），而我成功挺过每一个挑战，在很大程度上要归功于你的指导、智慧和无尽的耐心。我们总是为每一次胜利而共同庆祝，包括这本书的写作。没有你，我的生活和这本书都不会是现在这个样子！

最后，在我渴望做并且渴望做好的所有事情中，成为尼古拉斯的母亲一直是我最看重的，这是我最终极的喜悦！你的每一个美好之处都是给我的馈赠。谢谢你，尼古拉斯，你是很棒的儿子、聪明且富有创造力的思想家，你拥有慷慨且富有同情心的灵魂，你以勇敢、自信的方式生活，这给我了无穷的鼓舞。不断学习，不断付出，不断成长！

# 索　引*



* 索引中的页码为英文原书页码，即本书页边码。带有字母 f 后缀的页码表示图片，带有字母 n 的表示注释。

## B

## C

**D**

E

**H**

**I**



**J**



**K**

L

**M**

## N

**O**



**P**

**S**

## T



## V



## W

## X



## Y

图书在版编目(CIP)数据

植物教会我们的事 / (美) 贝隆达·L.蒙哥马利著；王晨译. -- 北京：社会科学文献出版社，2022.9
书名原文: Lessons from Plants
ISBN 978-7-5228-0447-7

Ⅰ.①植… Ⅱ.①贝… ②王… Ⅲ.①植物学－普及读物 Ⅳ.①Q94-49

中国版本图书馆CIP数据核字（2022）第127008号

植物教会我们的事

著　　者 / [美] 贝隆达·L.蒙哥马利（Beronda L. Montgomery）
译　　者 / 王　晨

出 版 人 / 王利民
责任编辑 / 杨　轩
文稿编辑 / 陈　冲
责任印制 / 王京美

出　　版 / 社会科学文献出版社（010）59367069
地址：北京市北三环中路甲29号院华龙大厦　邮编：100029
网址：www.ssap.com.cn
发　　行 / 社会科学文献出版社（010）59367028
印　　装 / 天津千鹤文化传播有限公司

规　　格 / 开　本：889mm×1194mm　1/32
印　张：6.75　字　数：128千字
版　　次 / 2022年9月第1版　2022年9月第1次印刷
书　　号 / ISBN 978-7-5228-0447-7
著作权合同登记号 / 图字01-2021-4796号
定　　价 / 69.00元

读者服务电话：4008918866